俄罗斯空天安全战略及影响研究

董达飞 著

国防工业出版社

·北京·

内 容 简 介

本书在梳理分析当今世界空天安全总体发展态势的基础上，系统阐述俄罗斯空天安全战略的思想基础、主要内容和主要特点，总结提炼俄罗斯空天安全战略的实践经验和教训，深入剖析俄罗斯空天安全战略对我国安全与发展的影响，进而提出我国空天安全战略发展建议。

本书主要内容包括七大部分：一是从空天资源争夺、空天战场地位、空天军备竞赛三个方面简要分析当今世界空天安全总体发展态势；二是从地缘政治、民族历史、社会发展和军事文化视角探讨了俄罗斯空天安全战略思想基础；三是从战略环境、战略目标、战略方针和战略手段四大战略要素层面，梳理了俄罗斯空天安全战略的主要内容；四是总结出俄罗斯空天安全战略的主要特点体现为"空天一体""欧亚一体""攻防一体""常核一体"和"军民一体"；五是总结了俄罗斯空天安全战略的实践经验与教训；六是从国际体系、地区安全和国家发展三个层面，深入分析了俄罗斯空天安全战略对我国安全与发展的影响；七是结合俄罗斯的实践经验教训和我国实际情况，从空天安全意识、空天安全治理、空天安全合作、空天作战实力、空天战备能力和空天作战保障六个方面提出了对我国的启示和建议。

图书在版编目（CIP）数据

俄罗斯空天安全战略及影响研究／董达飞著.

北京：国防工业出版社，2025.7. -- ISBN 978-7-118-13744-6

Ⅰ．V328；V528

中国国家版本馆 CIP 数据核字第 2025N138D6 号

※

国防工业出版社出版发行

（北京市海淀区紫竹院南路23号　邮政编码100048）

北京凌奇印刷有限责任公司印刷

新华书店经售

*

开本 880×1230　1/32　印张 5⅝　字数 100 千字

2025 年 7 月第 1 版第 1 次印刷　　印数 1—1500 册　　定价 69.00 元

（本书如有印装错误，我社负责调换）

国防书店：(010) 88540777　　书店传真：(010) 88540776

发行业务：(010) 88540717　　发行传真：(010) 88540762

| 前　言 |

　　随着人类对世界认知的不断深入，以及科学技术的迅猛发展，人类对空间的探知也逐渐从平面走向立体，从陆地、海洋走向空中和太空。国家安全与发展利益的内涵也随着对"高边疆"的无尽探索而不断拓展和延伸。

　　空天安全作为国家安全的重要组成部分，是国家安全在空天领域的拓展和延伸。国家安全是指国家的生存与发展不受威胁、没有危险的状态，以及实现自身安全的过程。空天安全则是指国家的生存与发展不受空天威胁、没有空天危险的状态，以及国家为实现这种状态所采取的行动和措施。一个国家的空天环境是否安全，是否采取得力的行动与措施以确保空天安全，将会直接关系到国家的生存与发展。新时期新形势下，国家空天安全的重要地位愈加突出。

　　为确保国家空天安全，需要国家战略层面的筹划和指导。

国家空天安全战略就是国家实现和维护其空天安全状态，以及通过空天安全来实现和维护国家整体安全利益的科学和艺术。俄罗斯长期关注国家空天安全，21世纪以来先后两次出台"国家空天防御构想"，在历年发布的《俄罗斯联邦国家安全战略》（以下简称《国家安全战略》）和《俄罗斯联邦军事学说》（以下简称《军事学说》）中均把空天防御作为国家优先发展的方向，全面推进国家空天防御体系建设，并取得了卓越成效，为确保国家军事安全和总体安全提供了坚实保障。俄罗斯之所以如此重视国家空天安全和空天防御体系建设，其背后有着深刻的战略考虑，其中最重要的是美国等西方国家日益强化的空天安全威胁，另外也是俄罗斯谋求恢复大国地位，保持战略均衡的现实需求。

自2008年开始的"新面貌"军事改革以来，俄罗斯全力落实"国家空天防御构想"，在编制体制、武器装备、核心技术、作战训练等方面全面发力，大力推进国家空天防御体系建设，空天安全战略有序落实和扎实推进。2021年11月，俄罗斯总统普京在索契举办的国防工业体发展会议上做出了总结，指出国家军事技术和装备发展取得了突破，军事实力成倍增长，国家军事安全水平明显提高，进一步强化了国家战略均势。然而，2022年2月俄乌冲突爆发以来，俄罗斯的空天安全战略遭受严重挑战，其空天作战装备的储备供应量一直受到多方质疑，包括首都莫斯科在内的本土多地遭到空袭。与此同时，由于北约对俄罗斯的认知大幅恶化，将俄罗斯视为"最重要和最直接的威胁"①，随着北约成员国军费预算的增加，以及芬兰和瑞典加入北约②，北约与俄罗斯从此可能进入新的军事对抗轮回，俄罗斯的国家安全、军事安全和空天安全必将面临更为严重的威胁和挑战。

深入分析俄罗斯空天安全战略的主要内容与特点，全面梳理俄罗斯维护国家空天安全的战略规划、发展思路、行动举措等，客观总结俄罗斯在国家空天安全战略实践中的经验教训，特别是剖析俄罗斯空天安全战略在俄乌冲突中的具体体现，以及俄乌冲突对俄罗斯空天安全战略的挑战和影响，对我国进一步提升空天安全意识，稳步推进空天防御体系建设具有重要的参考价值。

与此同时，俄罗斯作为我国的最大陆上邻国，随着我国"一带一路"倡议、全球发展倡议、全球安全倡议和全球文明倡议的深入推进，在关系到中俄两国安全与发展的利益交叉领域，必然存在很多的共同利益，但也可能会出现某些矛盾。在

---

① 2022 年 6 月 29 日，在马德里举行的北约峰会批准了新版"战略概念"（NATO 2022 Strategic Concept）文件，指出俄罗斯是对北约安全以及欧洲大西洋地区和平与稳定的"最重要和最直接的威胁"；此次峰会还批准了芬兰和瑞典加入北约的申请。

② 2023 年 4 月，芬兰正式加入北约，成为第 31 个成员国；2024 年 3 月，瑞典正式加入北约，成为第 32 个成员国。

空天安全领域，继续深化双方合作，合理化解双方矛盾，有助于双方共同努力防止太空军事化深度发展，携手共创和平稳定的空天安全环境。

作者

2025 年 2 月

| 目　录 |

绪　论

空天安全作为国家安全的重要组成部分，是国家安全在空天领域的拓展和延伸。一个国家是否拥有和谐稳定的空天安全环境，是否有足够权力、能力和实力确保国家空天安全，直接关系到国家的生存与发展。

一、研究背景与意义

（一）研究背景

随着高新技术的飞速发展，空天领域已成为当今世界主要大国的"竞技场"，空天资源争夺日趋激烈，空天军备竞赛如火如荼，空天战场正演变为未来战争的主战场和"第一战场"。21世纪以来，空天权势博弈日趋紧张激烈，美国、俄罗斯、英国、法国、日本等世界主要国家陆续出台"国家太空战略",在顶层设计层面积极进行战略谋划;组建太空作战部队,加快推进武装力量编制体制调整;研发改进升级空天作战装备,强化空天战备实力和空天作战能力;开发空天领域高新技术,厚实国家空天安全发展潜力。

俄罗斯基于本国在空天领域的现实安全威胁,以及恢复大国战略地位的总体考虑,始终把建设集防空、反导和太空防御为一体的国家空天防御体系作为军事改革的主线,把"空天防御"作为俄军优先发展方向,明确了空天防御体系建设的主要目标、基本原则、发展思路和建设路径等。经过长期实践探索,于 2015 年 8 月 1 日成立空天军,实现了航空、航天、防空和反导力量的有机统一,以及国家空天防御体系编制体制的新突破,标志着俄罗斯空天防御体系建设进入全新发展阶段。经过叙利亚军事行动中的实战历练,俄罗斯空天军的作战实力一鸣惊人,空天作战装备也充分得到实战检验和快速发展。2022 年 2 月俄乌冲突爆发以来,俄罗斯空天作战实力不断受到质疑,作战装备也一度捉襟见肘,本土目标多次遭受打击,国家空天安全遭遇严重威胁,空天安全战略的落实及推进同样面临更为严峻的挑战。

在俄罗斯空天安全战略的具体实践过程中,既有光辉的荣誉和丰富的经验,也有严重的挫折与深刻的教训,鉴于此,全面深入地研究俄罗斯空天安全战略,吸取其经验教训,对我国提升空天作战实力、维护国家空天安全、推进国家安全与发展、加快实现祖国统一、实现中华民族伟大复兴，具有非常紧迫的现实参考价值。与此同时，作为俄罗斯的最大邻国和重要战略伙伴，我们应密切跟踪和高度关注其重大战略决策。深入研究俄罗斯空天安全战略及其对我国安全与发展的影响，有助于中俄双方在空天安全领域的全面深入沟通协调，携手推进全球空天安全治理，共同营造和平稳定的空天安全环境。

（二）研究意义

（1）理论意义：由于俄罗斯至今尚未出台正式的国家空天安全战略文献，相关问题的研究相对分散，缺乏系统性，通过大量分析俄罗斯多年来在空天安全领域的战略构想、战略决策、理论争鸣、实践成果、装备建设、人才培养、作战应用等相关内容，较为系统地分析俄罗斯空天安全战略的思想基础，总结提炼出俄罗斯空天安全战略的主要内容和特点、研究成果有助于全面系统地理解俄罗斯空天安全战略理论体系，同时也有助于丰富和完善我国关于俄罗斯空天安全战略研究的理论体系。

（2）实践意义：本书注重剖析俄罗斯空天安全战略的实践经验和教训，尤其是结合俄乌冲突对俄罗斯空天安全战略的挑战和影响，深入总结分析了实践经验与教训，具有较强的现实参考价值。另外，作者从国际体系、地区安全和国家发展三个层面客观分析了俄罗斯空天安全战略对我国安全与发展的影响，并结合我国实际情况，从空天安全意识、空天安全治理、空天安全合作、空天作战实力、空天战备能力、空天作战保障六个方面提出了较为切实可行的对策建议，研究成果对我国发展空天力量、提升空天竞争力、有效应对现实和潜在的空天安全威胁具有一定的借鉴参考价值。

↘ 二、国内外研究现状

（一）国外研究现状

俄罗斯决策层和学术界都高度关注国家空天安全问题，围绕空天安全、空天安全战略和空天防御体系建设等方面进行了深入探讨。

一是突出强调空天安全的重要地位。在俄罗斯总统发言和《军事学说》等官方文献中多次强调，太空军事化是当前和未来日益严峻的国家安全威胁，指出要优先发展空天防御力量；学术界则分别从历史与现实的角度剖析俄罗斯所面临的空天安全威胁与挑战。俄罗斯军事科学院前任院长加列耶夫（M. A. Гареев）指出，武装斗争的重心正转向空天领域，世界大国争相谋求制空天权，俄罗斯当前最紧迫的任务就是建立空天防御体系；军事学副博士扎列茨基（Б. Л. Зарецкий）在《俄罗斯的空天安全》一文中指出，当前最严重的安全威胁之一就是空天打击，强调必须实现国家所有空天兵力兵器的一体化和现代化。

二是多视角论证国家空天安全战略。原第五空防集团军司令库切里亚维（М. М. Кучерявый）中将在《俄罗斯联邦军事太空安全的地缘政治分析》一文中，从地缘政治视角对俄罗斯空天安全问题进行了深入探讨，指出应首先加强独联体国家间的紧密合作，强化独联体在维护军事太空安全中的重要作用，以对抗美国太空霸权；在其著作《俄罗斯的国家空天安全》中进一步指出当前国际进程对国家空天安全的影响，从政治维度分析了俄罗斯在空天领域面临的潜在威胁，并提出在当前政治形势下俄罗斯空天安全保障机制的特性及优化等问题。莫斯科国际关系学院前任副院长波德别列兹京（А. И. Подберезкин）在《欧亚空天防御》一书中分别从核遏制、非核遏制、欧亚一体等视角系统阐述了国家空天安全问题，认为战略非核武器的研发与应用对当前核遏制战略以及俄美之间的战略平衡提出重大挑战，同时指出建立欧亚一体空天防御体系是俄罗斯维护国家空天安全的必然选择和最为紧迫的任务。伊戈尔（С. Ю. Игорь）、安德烈（З. П. Андрей）和德米特里（К. С. Дмитрий）则从空天作战的指挥系统建设、作战训练水平、武器装备研发、人才培养质量等方面阐述了俄罗斯空天军当前所面临的紧迫任务和发展方向。

三是集中探讨国家空天防御体系建设及作战理论。《空天防御军官手册》一书从空天防御内涵、空天防御兵力兵器、空天防御体系等角度对国家空天防御体系的基本构成与运行过程进行了系统阐述。俄联邦国家顾问、著名学者利亚先科（В. П. Лященко）在其著作《国家空天防御现状及发展趋势》中对空天防御的内涵、法律基础、功能原则、兵力兵器、太空特点，以及临近空间作战原则、内容和方法等问题进行了深入研究；退役上校德博夫（В. Н. Дыбов）在《论俄罗斯联邦空天防御的稳定性》一文中指出，空天防御作战的稳定性是一个复杂的系统性问题，应确保有效解决在平时、受到直接侵略威胁时和战时赋予空天防御系统的任务，另外还有一个最为重要的影响因素是，空天防御作战部队的生存能力。预备役上校鲍里斯科（С. Н. Бориско）和上校戈列梅金（С. А. Горемыкин）在《俄罗斯空天军现状分析和发展趋势》一文中从历史维度梳理了俄罗斯空天军的发展历程、编制体制和发展趋势。预备役上校克里尼茨基（Ю. В. Криницкий）在《空天防御部队作战样式和作战方法的发展方向》一文中通过阐述空袭兵力兵器的八个发展趋势，进而指出空天防御部队作战样式和作战方法的三个发展方向，即应在行动和国家决策层面承认空天作战的主导地位、应在战区司令部框架下规划空天防御战略行动、优先考虑遏制战争而不是赢得胜利。

另外，《空天防御》《军事思想》《国防》《军队文集》《军工信使》等期刊是俄罗斯学界就国家空天防御问题进行论战激辩的理论探讨平台，参与的学者通常是军事学博士、将军、高级军官等，所讨论的问题直击空天防御体系建设的要害。主流观点认为，指挥体制方面，应努力实现统一的行政管理与作战指挥，加快推进作战指挥的一体化和自动化水平；装备建设方面，应大力发展空天进攻兵器和高精确制导武器等，切实提升国家空天防御能力；空天力量建设方面，强调提升所有空天防御兵力兵器的有效协调及信息化程度，全力打造一体化空天防御体系。俄乌冲突以来，俄罗斯学界对国家空天安全问题进行了经验总结和教训反思，尤其是结合无人攻防作战进行了深入探讨分析，认为无人攻防作战已从战争幕后走向台前，无人机对国家空天安全造成了严重威胁，如何有效实施无人机进攻作战，同时完成高效反无人机作战任务，是俄罗斯学界当前和未来一段时间内关于国家空天安全问题重点关注的课题之一。

（二）国内研究现状

国内学者近年来对国家空天安全问题的关注度逐步提升，研究视角主要有两个方面：俄罗斯空天安全问题和我国空天安全问题。

一是从战略层面研究俄罗斯的空天安全问题。刘学军对2006版《国家空天防御构想》进行了解读，提炼出了俄罗斯空天防御作战理论、作战任务、作战原则、作战体制、作战样式等核心论述。牛立伟则从战略防御思想发展史角度分析指出，当前俄罗斯正由战略性防御作战向战略性进攻作战转型，空天进攻防御思想已成为俄罗斯战略防御思想的新特点。田安平等分析了俄罗斯国家空天安全战略模式，在阐述俄罗斯空天安全认知和行动的基础上，提炼出俄罗斯空天安全战略的内敛性、防御性、自主性、不对称性和有限回应等特点。孔桥雨则聚焦乌克兰危机之后俄罗斯空天政策的调整情况展开研究，认为俄罗斯空天政策在强调延续性的同时，呈现出了突出实战要求、推进机构改革、重视创新发展等新变化，并分析指出，俄罗斯空天政策调整的基础目标是维护国家安全，中层目标是保障空天实力可持续发展，高层目标是促进国家空天实力的超越性发展；与此同时，也指出了掣肘俄罗斯空天能力发展的一些问题。

二是从实践层面剖析俄罗斯国家空天防御体系建设情况。在该领域的研究成果较多，部分学者关注空天防御体系建设研究。其中，刘万义和彭刚虎分析了俄罗斯空天防御兵力和体制结构，并侧重从技术角度梳理了空天防御兵力兵器作战使用理论。李为民等从空天防御作战理论视角对俄罗斯空天安全理论进行了总结提炼。刘学军等对俄罗斯空天防御体系发展历史和指挥体制进行了系统梳理。马建光等对俄罗斯空天防御体系建设的主要任务、主要结构、主要特点和主要问题进行了较为详细的梳理。武建等则重点关注作战指挥体系建设情况，总结梳理了俄罗斯空天防御作战指挥体系、指挥机构、空天预警与反导指挥控制系统等建设现状和存在问题。还有一些学者聚焦空天装备展开研究。其中，李飞等重点关注俄罗斯空天装备建设情况，剖析了俄罗斯空天装备发展的技术路径，认为俄罗斯在规划上强调体系建设及空天战场融合，在技术研发上坚持独立自主和扬长避短，在装备发展上注重综合集成与购买引进，并总结了俄罗斯在空天装备体系建设方面的主要经验。焦黎和庞超伟则关注动态研究，从加快完善导弹预警系统、测试反卫星防御系统和加快部署新型防空反导系统三个方面分析了俄罗斯空天防御装备建设发展的新动态。

三是聚焦我国空天安全问题广泛开展学术研讨。学术会议层面，"中国空天安全会议"聚焦我国空天安全事业发展和技术创新，集中探讨空天安全问题研究的新概念、新理论和新方法，不断加强专家学者在空天安全领域的学术交流与技术合作，深化空天安全问题研究。军队也主持召开多届"国家空天安全与发展论坛"，汇聚军地专家学者，助推空军战略转型，加快推动空军战略发展，为建设"空天一体、攻防兼备"的战略空军积极建言献策。学术成果层面，宫旭平等学者从战略层面进行分析，认为21世纪以来的空天安全威胁呈上升趋势，提出要加强空天领域国防建设，优化空天领域国防建设战略布局，推进空天领域军地合作纵深发展，构建空天领域新型国防体系。张承龙在清华大学的"新形势下的空天安全发展及其关键问题研究"讲座中指出，空天威胁呈现隐身化、无人化、集群化、多域化的发展趋势，强调要依托空天维护国家统一和陆海主权，依托空天塑造我周边安全环境，依托空天参与维护全球安全。张先剑、杨乐平和肖金科、李为民等则聚焦空天防御作战规划问题展开研讨，并对空天防御作战规划系统需求、系统与功能设计及关键技术进行具体分析。

基于专家学者的已有研究成果，本书将研究重点放在系统研究俄罗斯空天安全战略，及其对我国安全与发展的影响方面，全面梳理和总结俄罗斯空天安全战略的主要内容和特点，并深刻剖析俄罗斯空天安全战略对我国安全与发展的影响，进而提出启示及对策建议。

三、研究内容与方法

（一）研究内容

本书主要包括以下四大部分：第一部分从空天资源争夺、空天战场地位、空天军备竞赛三个方面简要分析当今世界空天安全总体发展态势；第二部分探讨俄罗斯空天安全战略思想基础，梳理俄罗斯空天安全战略的主要内容和特点，总结俄罗斯空天安全战略的实践经验与教训；第三部分从国际体系、地区安全和国家发展三个层面，深入分析俄罗斯空天安全战略对我国安全与发展的影响；第四部分结合俄罗斯的实践经验教训和我国实际情况，从空天安全意识、空天安全治理、空天安全合作、空天作战实力、空天战备能力和空天作战保障六个方面提出对我启示和建议。

具体研究内容如下：

（1）俄罗斯空天安全战略的思想基础：源于俄罗斯在独特地缘政治空间、传统民族价值观念、社会发展现实诉求和深厚军事文化底蕴等方面的内在社会文化基因。

（2）俄罗斯空天安全战略的主要内容包括：地缘空间压缩、空天竞争激烈的空天安全战略环境，建设一体化国家空天防御体系的空天安全战略目标，积极防御、体系构建和核常兼备的空天安全战略方针，以及展开实力竞争、强化战略威慑的空天安全战略手段。

（3）俄罗斯空天安全战略的主要特点表现为五个"一体"：一贯遵循"空天一体"战略定位，始终立足"欧亚一体"地缘基础，逐步形成"攻防一体"发展模式，综合运用"常核一体"军事手段，充分发挥"军民一体"保障机制。

（4）俄罗斯空天安全战略的实践经验与教训可以概括为：

必须坚持优先发展空天防御，积极构建国家空天防御体系；必须立足解决根本问题，建立健全既有责任，又有权力和能力组织实施空天作战的军队编制体制；必须抓住核心关键要素，大力推进空天作战武器装备建设发展；必须坚持自主创新，不断加强军地之间的深度融合。其中，围绕前三点就俄乌冲突中的教训进行了专门研讨和总结。

（5）俄罗斯空天安全战略对我国安全与发展的影响主要表现为：一是国际安全体系层面，持续激化空天利益冲突，加剧全球空天军备竞赛白热化；制衡美欧空天发展态势，利于推动相对的全球战略稳定；推动空天安全秩序之争，挑战美西方主导的国际安全体系。二是地区安全与合作层面，美西方国家对俄罗斯的战略围堵，势必助推俄罗斯与我国加强合作；俄罗斯对"欧亚一体防御"的重视，势必关注我空天战略对其影响；俄罗斯对"周边国家"的重视，势必警惕我国与地区国家间的合作。三是国家安全与发展层面，牵引美西方国家关注方向，利于减缓我国面临的战略压力；推动地区空天安全体系建设，利于深化中俄双方空天安全合作关系；提供国家空天防御体系建设路径借鉴，利于拓宽我国空天建设思路；加速空天竞争谋取制空天权，对我国空天环境造成潜在安全威胁。

（6）结合我国客观实际情况和现实需求，建议我们重点关注以下内容：强化空天安全意识，积极做好战略谋划，妥善应对空天安全威胁；积极参与空天治理，提出"中国方案"，主动争取空天治理话语权；加强与俄罗斯合作，健全沟通协调机制，共同推动全球战略稳定；综合运用攻防手段，重视战略进攻力量建设，强化空天作战实力；着眼未来空天作战，多渠道助力空天力量建设，全面提升战备能力；充分调动民用资源，进一步强化军地合力，提升空天作战保障能力。

（二）研究方法

本书围绕"俄罗斯空天安全战略"这一主题，按照"提出问题—分析问题—解决问题"的逻辑思路，本着理论研究和实践论证相结合的研究方法，全面剖析俄罗斯空天安全战略的基本内容、主要特点、实践经验和教训，辩证分析其对我国安全与发展的影响，为正确认识和有效化解当前国际战略形势下我国所面临的空天安全威胁和挑战，提出切实可行的对策建议。

研究过程中，笔者综合采用了以下研究方法：

一是在总体研究思路上采用逻辑分析法。在客观评析世界空天安全总体发展态势的基础上展开研究，全面系统地梳理总结了俄罗斯空天安全战略的思想基础、基本内容、主要特点和实践经验与教训，进而深入剖析了俄罗斯空天安全战略对我国安全与发展的影响，最后提出启示与思考，研究思路逻辑清楚，循序渐进，最终达成了解决问题的效果。

二是在阐明俄罗斯空天安全战略方面采用文献分析法和历史分析法。在研究过程中，收集整理了国内外关于俄罗斯国家安全、空天安全、空天防御，以及国际战略等相关领域的著作和文献百余份，尤其是第一手俄文资料的拥有量比较充足，通过对这些文献资料的梳理、分析、总结和提炼，形成了对俄罗斯空天安全战略基本内容和主要特点的全面认知。与此同时，本书非常重视从历史维度对俄罗斯空天安全战略进行深入研究，采用历史分析法较为详细地梳理了俄罗斯空天安全战略的思想基础和主要内容，对于深入理解和把握俄罗斯空天安全战略的主要特点起到了关键作用。

三是在总结俄罗斯空天安全战略实践经验与教训，以及在剖析俄罗斯空天安全战略对我国安全与发展的影响时，主要采用辩证分析法。研究注重对客观事实的准确理解和把握，在深入分析俄罗斯空天安全战略的具体实践时，既注重总结经验，又注意反思教训；在剖析其对我国安全与发展的影响时，也强调"一分为二"地看待问题，既能看到"利"，也能发现"弊"；在提出对策与建议时，同样秉承辩证分析的方法，强调竞争与合作并存的发展理念。采用上述研究方法的目的，是力求研究成果观点客观正确、事实准确清楚、论证合理充分、分析全面透彻。

（三）下一步研究重点

由于俄罗斯空天安全战略研究是一项系统工程，本书仅重点关注俄罗斯空天安全战略及其对我安全与发展的影响等问题，下一步，笔者将持续开展俄罗斯空天安全战略问题研究，并重点关注以下两个方面。

一是更为全面系统地梳理俄罗斯空天安全战略理论与实践。

由于俄罗斯至今暂未出台国家空天安全战略官方文献，而且自 2020 年起俄罗斯国家空天防御体系建设进入新一轮发展阶段，尤其是俄乌冲突对俄罗斯空天安全战略的发展和运用提出了一系列挑战，对俄罗斯空天安全战略的理论发展和实践运用的研究仍有待深入。

解决方案：持续跟踪俄罗斯在空天安全领域的战略决策和发展动态，不断更新对俄罗斯空天安全战略的认知，逐步深化对俄罗斯空天安全战略的理解，深入研究俄罗斯空天安全战略的实践运用情况。

二是持续关注俄罗斯欧亚空天防御战略思想的进展情况。

研究发现，俄罗斯空天安全战略呈"欧亚一体防御"的发展趋势，本书研究内容对"欧亚空天防御战略思想"进行了初步解读，但研究深度仍有待加强。

解决方案：继续对俄罗斯欧亚空天防御战略思想进行深入研究，跟踪关注俄罗斯在该领域的实践活动，尤其是在俄乌冲突以来，绝大多数欧亚国家对俄罗斯的离心倾向明显上升，由俄罗斯主导的欧亚一体化机制开始松动的时候，更应持续跟踪关注此时俄罗斯"欧亚空天防御战略思想"的发展动态，客观预测其发展趋势，持续深入地剖析对我国安全与发展的影响。

四、创新点

一是选题有新意。目前俄罗斯并未出台官方的空天安全战略文献，本书选定该研究主题，并对其基本内容、主要特点和实践经验教训进行全面系统地梳理和总结，具有一定的创新性。另外，作者围绕日益严峻的空天安全问题展开研究，从维护国家安全与发展利益的现实需求而言，也具有一定的必要性和创新性。同时，本书突破学界大多对俄罗斯空天安全问题的"作战"和"技术"研究视角，以当前学界较少关注且仍未进行系统论述的"俄罗斯空天安全战略"为切入点展开研究，选题视角具有创新性。

二是主题选材新。本书紧密跟踪俄罗斯空天安全发展动态，重点关注俄罗斯在空天安全战略实践领域的最新发展和经验教训，大量搜集一手外文资料。另外，本书对俄罗斯空天安全战略在俄乌冲突中的运用和体现进行了研究总结，可以提供借鉴参考，符合我国安全战略需求和现实急需。

三是结论观点新。在启示与思考部分，本书能够做到以问题为导向，立足我国安全与发展利益，针对我国空天安全现实需求，从空天安全意识、空天安全治理、空天安全合作、空天作战实力、空天战备能力、空天作战保障六个方面提出了较为切实可行的对策建议，实现了研究观点的创新。

第一章　世界空天安全总体发展态势

当今世界并不安宁，局部战争此起彼伏，国家面临巨大安全威胁。随着高新技术的飞速发展，空天领域已成为世界大国的主要"竞技场"，主要国家激烈争夺空天资源，争相发展空天力量，大力推进军队转型工作，空天作战理论研究与实践工作如火如荼展开，空天战场正演变为未来战争的主战场和"第一战场"。

一、空天资源争夺日趋激烈

随着人类对空天领域的无尽探索，各国愈加重视空天资源的重要战略价值，对空天资源的争夺也愈加激烈。与此同时，随着世界新军事革命的深入推进，各国抢占空天资源，强化军事应用，谋求制空天权的空天对抗也逐步升级。

一方面，有限的空天资源关乎国家安全与发展利益。21世纪以来，随着世界各国对空天领域的关注度不断提升，围绕空天资源的争夺也随之日趋激烈。空天资源是指位于空天领域的各种资源，以空天信息资源为主。现如今，世界各国对空天资源的依赖程度大大增加，空天资源作为国家利益的重要载体，其占有度直接影响到一个国家的空天安全，甚至关乎国家的总体安全与发展。美国由于拥有高精尖的空天技术，早已完成了空天领域的"圈地运动"，长期掌控空天资源的分配权和使用权。Space X 公司于 2015 年提出的"星链"计划，正是当今美国持续发挥自身优势，继续抢占空天资源，提升空天霸权的集中体现。

另一方面，空天资源的军事化应用进一步加剧空天竞争与对抗。从军事安全视角来看，空天资源的占有度还直接影响到军事行动的成败。有数据分析，当前美俄两国军队都高度依赖天基系统，其中包括美军80%的信息传输、95%的侦察情报、100%的导航定位和气象信息，俄军70%的战略情报、80%的军事通信和95%的导航定位信息。如果美国的"星链"用于军事目的，便可以通过掌控空天信息主导权，全面拓展战场态势感知能力、信息互联互通能力和作战指挥控制能力，极大地增强美军地面、空中和太空的一体化协同作战能力和实时指挥效能。苏联作为曾经唯一可与美国相抗衡的超级大国，一度占有大量空天资源，但苏联解体后的俄罗斯长期无力与美国展开空天竞争，对空天资源的占有度也大大下降。当前，新一轮军事改革后的俄罗斯武装力量已重新焕发活力，长期坚持优先发展空天防御，积极参与空天资源争夺和空天竞争。随着空天军事化趋势的不断加深，空天一体作战已成为现代和未来战争的主战样式，谁拥有更多的空天资源，谁就掌控了制空天权，谁就掌控了战争全局。鉴于此，日趋激烈的空天资源争夺，必将对国家空天安全，以及国家总体安全与发展带来严峻挑战。

二、空天战场地位日益凸显

由于对空天资源的争夺日趋激烈，各国在空天领域的利益冲突和矛盾必然随之增加。当利益冲突和矛盾达到一定临界值时，就可能发生空天军事对抗。空天军事对抗的战场，即空天战场，是随着军事太空力量与空中力量的相互融合，将太空与空中连接为一个无缝衔接的一体化战场。空天战场的战争胜负，直接决定战争全局的进程和结果。

空天战场的重要地位，一是源于对国家空天利益的不懈追求。随着科学技术的飞速发展，以及人们对未来战争的科学认知，当今世界大国围绕国家安全与发展的博弈视角发生三个转变：关注重点由主权空间向公域空间转变，由能力边界向利益边界转变，由争夺传统领域优势向争夺新兴领域优势转变。空天领域作为上述三个转变的汇聚点，越来越受到世界各主要大国的关注和青睐，具有不可替代的战略价值，已成为维护国家安全与发展利益的制高点。

二是源于对空天安全威胁的科学判断。通过分析海湾战争以来的多场局部战争可以发现，来自空天领域的打击是当前最严重的军事安全威胁之一。近年来，随着高精确空天袭击兵器及其载体、太空导航与作战指挥设备的生产技术的迅猛发展，发生大规模空天袭击行动的可能性急剧增加。与此同时，国际恐怖主义的蔓延、特别是极端主义分子可能获取并使用空袭兵器与导弹攻击兵器等安全威胁现象也此起彼伏。例如，自海湾战争以来，俄罗斯基于对国家安全威胁的认识和判断，突出强调国家空天安全威胁，并长期致力于建立国家空天防御体系，以应对可能来自空天领域的打击。在 2014 年版的《军事学说》中明确指出，"现阶段军事冲突的特点主要表现在空天兵力兵器的大规模使用……，这说明空天进攻力量的增强、高精确武器的运用、太空军事化是当前面临的主要威胁。"

三是源于对空天作战的战略认知持续提升。未来战争首先从空天开始，也就是说，空天战场是未来战争的"第一战场"。世界各国已经就此观点产生共识，并大力推进空天作战准备，积极开展空天作战理论研究、体制改革和力量建设（表 1-1）。美国近年来大力发展太空战略和太空力量，2016 年 7 月 15 日，美国空军航天司令部网站发布《建设太空任务部队,训练未来太空战士》白皮书,详细阐述了美国空军航天司令部对太空部队未来建设与发展构想;2017 年 12 月出台的《美国国家安全战略报告》突出大国竞争,强调先发制人,宣示太空霸权;2018 年 3 月发布的《国家太空战略》强调太空领导力、统治力和行动自由,强调在太空领域的"美国优先"政策;2019 年版《国家情报战略》特别指出中俄在太空安全领域的挑战;2020 年更是连续出台《国防太空战略》《太空力量》《太空作战规划指南》等官方文献,积极推动太空军事化,明确了太空力量的价值和作战运用,并致力于组建太空军事同盟;2023 年 8 月,美国发布《太空军综合战略》,明确了美国太空军建设、组织和训练目标,明确了建设计划和所需资源等要求;2024 年 2 月,美国太空司令部发布《太空战略愿景》,致力于持续强化美国在太空的领导力和战略实力;同年 4 月,美国太空军发布《美国太空军商业太空战略》,积极探索太空军与商业部门的合作路径,加速构建军地联合型太空架构,确保美国的太空竞争优势和空天作战优势。俄方则持续强调"优先发展空天防御力量",早在 2006 年出台的《2016 年前俄罗斯联邦国家空天防御构想》(以下简称《国家空天防御构想》)中,就已提出"作战中心应由空中向太空转移""以空军为主体对抗敌首轮空天进攻""积极防御、纵深打击、主动进攻和协同作战"等未来空天作战任务、原则和方式。近年来更是积极构建国家空天防御体系和欧亚空天防御体系，调整改革编制体制，更新换代武器装备，主动参与地区军事行动，尤其是俄罗斯空天军新成立后便投入叙利亚军事行动，并且在天基信息支援、空中战略投送，以及空中侦察和航空突击方面，都展示出了明显优势，牢牢占据制空天权，从而夺取了最终的军事胜利。另外，法国于 2019 年 7 月公布《太空防务战略》，英国于 2021 年 9 月 27 日发布首份《国家太空战略》，2022 年 2 月 1 日发布《国防太空战略》，日本于 2023 年 6 月发布首个涉及太空安保方针的构想草案《太空安保构想》①，都反映出世界主要国家愈加重视空天领域的重要作用和空天战场的重要地位，其目的是不断提升本国的空天实力、主动权和国际影响力，但同时也进一步加剧了对空天资源的争夺，导致太空军备竞赛趋于白热化。

表 1－1　世界主要国家空天安全战略相关文献

国家	文献名称	出台时间
俄罗斯	《2016 年前俄罗斯联邦国家空天防御构想》	2006 年
	《2030 年前俄罗斯联邦空天防御发展构想》	2019 年 4 月

----

① 日本《太空安保构想》分析了日本所处的太空安全环境，提出中长期建设目标和具体实现路径。构想明确了两个基本发展思路：具备应对他国太空威胁与风险的能力，以及利用卫星情报保护日本国土和民众安全的能力。提出了三大建设路径：扩大天空在安保领域的利用范围，确保安全稳定地利用太空，实现安全保障与太空产业发展的良性循环；构想还详细制定了 2023—2034 年太空安全保障体系发展路线图，致力于提升太空目标感知能力和综合情报搜集能力等。

国家	文献名称	出台时间
美国	《建设太空任务部队，训练未来太空战士》	2016 年 7 月
	《国家太空战略》	2018 年 3 月
	《国家情报战略》	2019 年 1 月
	《国防太空战略》	2020 年 6 月
	《太空力量》	2020 年 8 月
	《太空作战规划指南》	2020 年 11 月
	《太空军综合战略》	2023 年 8 月
	《太空战略愿景》	2024 年 2 月
	《美国太空军商业太空战略》	2024 年 4 月
法国	《太空防务战略》	2019 年 7 月
英国	《国家太空战略》	2021 年 9 月
	《国防太空战略》	2022 年 2 月
	《太空防御战略：太空领域作战》	2022 年 2 月
	《太空力量》	2022 年 9 月
日本	《国家安全保障战略》	2022 年 12 月
	《太空安保构想》	2023 年 6 月

三、空天军备竞赛如火如荼

为了成功抢占空天资源，赢得空天战场，必须依靠强大的空天力量，其中包括设置合理、运行高效的空天力量编制体制，以及技术领先、性能高端的空天作战武器装备。

一方面，各国加快推进空天力量编制体制调整。为了高效利用空天资源，确保占据空天优势，世界大国加紧完善空天力量编制体制，组建空天作战部队。2015 年 8 月 1 日，俄军组建空天军。俄罗斯国防部长绍伊古指出，"将空军与空天防御兵合并为一个新的军种，是完善国家空天防御体系的最佳方案"。新成立的空天军可以全权负责制定有关空天防御作战部队发展的军事技术政策，可以使一体化程度更加趋于紧密以提升所属部队的作战效能，还可以推动国家空天防御体系的进一步发展。空天军的组建对于俄罗斯而言具有里程碑式的重大意义，有助于解决俄军在进行空天作战过程中所面临的诸多问题。2019 年 2 月，时任美国总统特朗普签发 4 号太空政策令《建立美国太空军》，明确要建立美国第六大军种——太空军；8 月 29 日，宣布成立太空司令部；12 月 20 日，特朗普签署《2020 年国防授权法案》，宣布美国太空军正式成立。美国组建太空军并赋予其作战及战斗支援的职能，旨在实现快速持续的太空进攻和防御行动。太空军的组建，带来的将是未来美国太空对抗能力、联合作战能力以及太空资源整合运用的极大提升。法国于 2019 年 9 月 3 日组建太空司令部，其战略目的在于增强法国太空战略的自主性，以及本国的空天态势感知能力。2020 年 9 月，法国空军正式更名为航空与太空军（或称空天军）。日本新版《防卫计划大纲》将太空列为关键军事领域和新型作战域，确保在太空的优势地位。2020 年 4 月，日本国会批准组建第一支太空作战队（又称"宇宙作战队"），并于 5 月正式组建，主要负责太空态势感知任务；2022 年 3 月，新成立的"太空作战群"不仅下辖"第一太空作战队"，还包括负责监视针对白本卫星电磁干扰的"第二太空作战队"负责太空设备日常维护的"太空到交管理队"，以及负责指挥管制和装备研究应用的"太空作战指挥所运用队"英国于 2021 年 4 月成立太空司令部，德国则于 2020 年秋成立空天作战中心，并于 2021 年 7 月正式成立太空司令部。世界主要国家积极出台太空战略，组建空天作战部队，完善空天作战编制，必将加快空天领域的军事化步伐，加剧空天军事对抗强度，产生更多更大的潜在的空天安全威胁，从而对全球战略稳定产生不良影响。

表 1-2　世界主要国家空天力量编制

国家	空天作战部队名称	组建时间
俄罗斯	空天军	2015 年 8 月
美国	太空司令部	2019 年 8 月
	太空军	2019 年 12 月
法国	太空司令部	2019 年 9 月
	航空与太空军/空天军	2020 年 9 月
日本	太空作战队（宇宙作战队）	2020 年 4 月

国家	空天作战部队名称	组建时间
英国	太空作站群	2022 年 3 月
	太空司令部	2021 年 4 月
德国	空天作战中心	2020 年秋
	太空司令部	2021 年 7 月

另一方面，主要国家竞相发展高精尖空天作战装备。要在未来的空天战场赢得战争胜利，必须积极推进空天作战力量建设，赢得空天作战力量优势。美、俄两国为了争夺未来空天战场的制高点，不断加大国防投入，致力于研发各种先进的空天作战武器装备，推进空天作战力量建设。空天作战力量包括空天感知力量、空天进攻力量、空天防御力量、网电对抗力量、战略投送力量和综合保障力量等。俄罗斯在空天感知力量、进攻力量、防御力量和战略投送力量方面成效卓著。例如，2012 年前俄军无人机总数不足 200 架，2018 年其总数已达2000 余架，此外还组建近 40 支无人机部队；五代机苏-57 也顺利通过试验，并在叙利亚战场经历实战检验后列装空天军；S-400 防空导弹系统大量列装部队并出口多国；最新型 S-500 防空导弹系统已于 2021 年交付使用，加入莫斯科首都防空反导装备体系；战略投送力量方面，虽然装备老旧，但高效精干，在"中部-2019"战略演习中，俄军用运输航空兵从 4个机场同时出动 71 架伊尔-76 型军用运输机，圆满完成了对

216 件军事技术装备和 2805 名空降兵的战略投送任务，其战略投送能力可见一斑；此外，俄军还在加紧研制下一代战略轰炸机和军用运输机。美军近年来也大力发展空天作战力量，加速研制高超声速武器和反高超声速武器，陆续研制 X – 37B 可重复使用高超声速轨道航天器、X – 51A 高超声速机载导弹以及非核洲际弹道导弹系统等，这些高超声速武器作为美国"全球快速打击"系统中的关键要素，将会是当前和未来数年对其他国家最为严重的空天安全威胁。与此同时，美军进一步发展战略进攻防御兵器，积极谋求建立全球一体化反导系统，在 2019 年版《导弹防御评估》中强调天基传感器的部署有利于美国对高超声速飞行器的拦截，并计划部署天基拦截器，建立天基防御层。此外，美军在研发陆基反导防御系统过程中已成功试验拦截弹，用于在飞行轨道中段拦截弹道导弹。总之，世界空天作战力量建设正朝着作战平台体系化、作战指挥一体化、作战武器智能化的方向发展，必将颠覆未来的空天作战样式，为全球战略稳定带来新的更大的挑战。

第二章 俄罗斯空天安全战略的思想基础

俄罗斯国家安全体系主要包括政治安全、经济安全、军事安全、能源安全、食品安全、卫生安全、科技安全、信息技术安全、社会安全、生态安全和基因安全等。军事安全包括核安全、空天安全、海洋安全、国境安全、反恐安全、军事信息安全、无线电电子安全、情报安全、辐射化学与生物安全，以及区域军事安全（战区和战略方向）等，其中，空天安全是军事安全的优先发展方向。

俄罗斯认为，只有一个强大的国家才能预防和应对各种军事威胁，并在世界范围内维护国家利益，实现国家目标。总统普京也一直致力于将俄罗斯变得独立而强大。然而，一个强大的国家必须要有强大的军事安全作保障，军事安全是国家安全体系中的重要组成部分。俄罗斯《军事学说》中将"军事安全"定义为，保护个人、社会和国家的核心利益免遭内部和外部军事威胁的一种状态，强调一个强大国家的军事安全必须要有全方位的军事保障，并将核安全、空天安全和海洋安全领域列为俄罗斯最为重要的军事安全领域。对世界空天安全总体发展态势的分析表明，防范和对抗来自空天领域的军事打击，确保国家空天安全是当前最为迫切的战略需求和作战任务。因此，俄罗斯认为，空天安全作为国家军事安全的重要组成部分，是国家安全体系中的关键要素之一。

从历史维度看，早在 1914 年 12 月，沙皇俄国就已经出台了《关于组织对首都彼得格勒与行宫皇村进行防空》的规范性文献，这一事件可以看作是俄罗斯防空和空天防御的历史发端。此后在长期的防空作战实践中不断证明，有效的国家防空系统可以在武装斗争和维护国家安全过程中起到关键性的作用。苏联解体后，俄罗斯认识到武装斗争的重心及主要发展方向正转向空天领域，世界主要大国均致力于在战争最初阶段，通过大规模空天作战行动对敌战略目标和最重要纵深目标实施打击，从而夺取制空天权。鉴于此，俄罗斯推出了《国家空天防御构想》纲领性文件，明确国家空天安全发展思路和方向，大力推进国家空天防御体系建设，并取得显著成效。

俄罗斯的空天安全战略具有特色鲜明的思想基础。1993年起，俄罗斯把建立国家空天防御体系提上日程，尤其是在普京和梅德韦杰夫执政期间，一直把维护空天安全作为国家安全战略的优先方向。当然，俄罗斯之所以秉承这样的空天安全观，是基于对地缘政治形势和国家空天安全威胁的客观分析和判断，也是其努力恢复大国地位，实现国家复兴的重要考量。

一、地缘政治视角：独特的地缘环境促使俄罗斯高度关注空天安全

美国学者詹姆斯·比林顿（James Hadley Billington）认为，"地理一直主导着俄罗斯人的思想，而不是历史"。这说明地理因素是俄罗斯思考国家战略问题的核心要素之一。从地缘政治安全角度来看，近年来俄罗斯的陆地与海上战略空间持续遭受挤压。陆地方向，北约东扩步伐已从俄罗斯西部和西南部逐渐逼近其心脏地带的边缘，西北部也随着芬兰和瑞典加入北约而面临更为强大的地缘压力，格鲁吉亚、乌克兰等国的渐行渐远，更是加重了俄罗斯的陆上地缘安全威胁，俄乌冲突持续化发展使得陆上地缘竞争日趋激烈。海上方向，美西方国家持续进入黑海组织开展军事演习，实施空中挑衅与威慑，俄乌冲突中俄军舰队频频遭受乌方打击，损失较大；黑海舰队曾经长期寄人篱下，虽然在 2014 年重新将克里米亚收入囊中，但其领土主权问题仍存在巨大国际争论。在北极地区，面对日趋激烈的地缘竞争和资源争夺形势，俄罗斯在 2014 年版《军事学说》中首次提出俄军在和平时期要坚决维护北极地区的国家利益，并加紧在北极地区部署作战部队。此外，在东部方

向，美军60%的空军和海军力量部署在亚太，也对俄罗斯形成强大的战略空间压力。与此同时，美军快速发展高超声速武器系统，加快推进欧洲反导防御体系建设，这不仅削弱了俄战略核力量的反击作战能力，更是对俄空中与太空战略空间的巨大挑战。此外，包括个别中亚国家在内的"周边国家"国内安全形势一直不容乐观。所有这些都对俄罗斯的地缘政治安全造成巨大潜在威胁。然而，"一个复兴的俄罗斯宁愿中断复兴也要创造战略空间"，因此，俄罗斯在积极拓展陆上与海上战略空间的同时，也在不断拓宽"高边疆"，力图在空天领域抢占制高点，牢牢掌握制空天权。

从平面（横向）视角审视俄罗斯，其领土面积巨大，横跨欧亚大陆。这种幅员辽阔源于千百年来的对外扩张，同样面临着严峻的地缘政治困境，迫使俄罗斯人重新审视空间安全，并从立体（横向加纵向）视角再次唤醒俄罗斯民族根深蒂固的所谓的"不安全感"，促使其持续向外扩张。在某种程度上，正是这种传统的特色地缘文化基因，为俄罗斯空天安全战略筑牢了根基。

首先，独特的地理环境决定了俄罗斯民族的"不安全感"。英国军事理论家富勒（John Frederick Charles Fuller）指出，在生存的斗争中，生存空间始终是个大问题。这一点在俄罗斯民族身上体现得尤为淋漓尽致。自古至今，地理对于俄罗斯的国家战略和民族特性起着至关重要的作用，可以说，地理是俄罗斯人思想的一大主导因素。俄罗斯地处东欧平原和西伯利亚平原，四周没有任何自然屏障，从俄罗斯民族诞生之日起，便一直遭受外部其他民族的侵袭和征服。从中欧的日耳曼人、北欧的诺曼人，到亚洲的游牧民族，再到小亚细亚的拜占庭帝国，来自东西南北四面八方的征服力量使俄罗斯民族数次面临遭受灭绝和丧失独立的安全威胁。据统计，从1240年至1462年的222年中，俄罗斯共击退200多次入侵。从这个意义上而言，一些学者认为，"不安全感"是俄罗斯典型的民族情感之一。

其次，"不安全感"从一定程度上推动了俄国无休止的领土扩张。俄罗斯的对外扩张始于伊凡四世统治时期，在彼得一世和叶卡捷琳娜二世时期，俄国在领土扩张方面达到极致，对外发动战争的数量也达到顶峰。据统计，从1547年至1917年，俄国领土从280万平方千米急剧扩张到2280万平方千米，其中包括对我国的大肆侵略和无情掠夺。俄罗斯也从偏安一隅的小公国逐步成为一个横跨欧亚大陆的庞大帝国。在沙皇俄国大肆扩张，推进世界性侵略政策，争夺世界霸权的过程中，这种所谓的"不安全感"渐渐失去了原有要义，反而成为其穷兵黩武和对外扩张的理由和借口，也使得对地缘边界的拓展成为俄国对外扩张的主要特征。正如美国学者萨尔奇斯扬兹所言，"如果俄国先前的扩张能够宣称具有防御性质的话，那么后来圣彼得堡帝国的领土扩张则由防御性变为进攻性，并且具有帝国主义的明显特征"。

最后，新形势下的"不安全感"促使俄罗斯寻求新的战略空间。苏联解体后，俄罗斯的领土面积缩减，战略空间急剧压缩，作为其内在本能的"不安全感"重新被唤醒。尤其是随着北约持续东扩、欧洲反导系统建设稳步推进、俄乌冲突态势持续焦灼、境外战略利益严重受损等形势的步步紧逼，导致俄罗斯的生存与发展空间面临严重挑战，地缘政治安全环境严重恶化。对于俄罗斯这个以控制地理范围为核心安全思维的国家而言，这是非常严峻的现实安全威胁和挑战。因此，从地理维度来看，21世纪的俄罗斯更加注重拓宽本国的战略空间，在陆上和海上地理空间严重收缩的情况下，一方面努力实现战略"突围"，另一方面积极拓展"高边疆"，力求通过抢占空天制高点的先机，以弥补陆上与海上的不安全态势，确保本国及盟国的生存、安全与发展。

然而，2022年俄乌冲突以来，这种由所谓"不安全感"触发的特别军事行动，也同样唤醒了美西方国家和俄罗斯周边国家对其实施"对外扩张"的警惕，部分欧亚国家对俄罗斯的离心倾向明显上升，由俄罗斯主导的欧亚一体化机制开始松动，俄罗斯要在地缘空间实现战略"突围"将会面临极大困难。另外，随着芬兰和瑞典陆续加入北约，以及导弹武器系统的前沿部署，也将对俄罗斯的"高边疆"拓展带来严峻挑战，俄罗斯可能会面临更大的空天安全威胁。

⬊二、民族历史视角：强烈的民族自信
激励俄罗斯争夺空天主导权

历经千年沧桑，能使俄罗斯永葆向上姿态的内在动力应归功于深埋在其民族心灵深处的传统价值观念和精神追求。苏联解体后，民族信仰遭受重创，传统价值观念强势回归。总统普京把俄罗斯民族精神概括为"爱国""强国"和"团结"，在2007年国情咨文中强调，民族精神是巩固国家统一和保护国家主权的基础。这种民族精神反映了俄罗斯人民的坚贞不屈和坚忍不拔，其内在思想是俄罗斯民族思想的核心理念——弥赛亚意识。俄罗斯空天安全战略目标、战略方针和战略手段当中都深深地留下了弥赛亚意识的烙印。

一是民族自信激励俄罗斯空天安全不断向前发展。随着拜占庭帝国的灭亡，古罗斯菲洛费伊修士提出"第三罗马"说，俄罗斯弥赛亚意识由此诞生。自此，弥赛亚意识逐渐作为俄罗斯民族思想的核心理念深深植根于民众生活当中。著名学者别尔嘉耶夫（Н. А. ьердяеВ）甚至认为，弥赛亚意识是俄罗斯人特有的民族特性。无论如何，俄罗斯弥赛亚意识从宗教、精神和世俗层面都反映和强调本民族的神圣、优秀和自信。俄罗斯始终相信本民族可以战胜任何困难，挽救本民族及世界人民于水火。正是这种民族自信，催生出永不服输、争强好胜、不

怕牺牲的民族特性。俄罗斯空天安全发展历程走过停滞、迷茫、挫折和弯路，但是，深植于民族骨髓里的神圣和自信无数次唤醒并激励俄罗斯向前突破。为此，俄罗斯的空天安全战略环境从遭受围堵到果敢突破，空天安全战略目标从盲目摸索到有序推进，空天安全战略方针从被动防御到积极防御，空天安全战略手段从委曲求全到强硬回击，国家空天安全发展渐入正轨，国家空天防御体系建设不断收获希望。

二是欧亚主义推动俄罗斯发挥区域主导作用。欧亚主义认为，俄罗斯是位于欧洲和亚洲之间的"欧亚洲"，是一种关于俄罗斯身份的地理构想；认为俄罗斯文化是一种与欧洲文化和亚洲文化对立的中间性质的欧亚文化。正如陀思妥耶夫斯基（ф. М. Достоевский）所言，"真正伟大的民族……一定要扮演独一无二的角色"。这种特殊的民族思想是 20 世纪末以来俄罗斯民族自觉的充分体现，也深刻影响着俄罗斯在政治、经济和军事等诸多领域的实际工作。2012 年以来，俄罗斯提出建立欧亚联盟的构想，试图从经济一体化入手逐步实现后苏联空间的一体化，其中就包括军事安全领域的一体化。尤其是在空天安全领域，俄罗斯在持续构建国家空天防御体系的基础上，提出欧亚一体空天防御体系建设构想，在空天安全领域积极推动后苏联空间的一体化空天防御，并借此进一步确立和巩固其在"欧亚洲"区域范围内的主导地位，以谋求与西方世界之间的平等对话。

三、社会发展视角：浓厚的强国理念催生强烈的大国空天竞争诉求

英国地缘政治学家哈尔福德·约翰·麦金德（Halford John Mackinder）曾经说过，古老的俄罗斯是一个蜷缩在森林里的民族，只是由于在其历史进程中不断受到外来势力的侵略，而导致其感觉自己不安全。苏联解体后的俄罗斯在强大的地缘压力下，其不安全感更加凸显。因此，普京上台执政后积极推行强国战略，他认为，俄罗斯唯一现实的选择就是做强国，只有国家强大才能够对面临的诸多挑战做出回应。然而，要做强国，军队首先要强大。21 世纪以来的局部战争表明，在未来作战行动中，在空天领域首先展开的作战行动将直接决定战争的结局，这要求必须拥有强大的空天力量。为此，普京就任总统以来，将国家能源收入主要用于军队建设，尤其是2008 年"新面貌"军事改革以来，俄罗斯在经济乏力、财政紧缺，以及西方严厉制裁的严峻形势下，仍然大力发展空天力量，不断探索空天力量编制体制调整路径，持续完善空天防御武器系统，其中包括积极推动第六代战机、第五代战机苏 –57、未来远程轰炸机 PAKDA、未来军用运输机 PAKTA，以及 S –500 防空导弹系统的研发、试验与列装工作，加紧部署 S –400 防空导弹系统，不断完善"格洛纳斯"卫星导航系

统与地面雷达系统等，旨在加快建立国家空天防御体系，恢复世界大国地位，提升俄罗斯在全世界的国际影响力。

苏联解体后，国力衰弱的俄罗斯再次呼唤民族自觉，恢复大国地位和实现民族复兴成为俄罗斯社会发展的现实诉求。普京总统在多种场合中深切表达了这种迫切愿望，指出"俄罗斯唯一现实的选择就是做强国，做强大而自信的国家""在世界上真正强大有影响力的国家中占有一席之地"。强国才能强军，任何国家都是如此。在俄罗斯研究制定和贯彻实施国家空天安全战略的背后，凸显的正是其国家安全战略的本质——强国战略。

其一，强国战略为俄罗斯在大国空天竞争中奠基。普京上台后专心致力于以俄罗斯国家利益为中心的国际事务，着力推行普京新保守主义①，力求实现国家重新崛起，积极发挥全球性大国作用。这种做法严重触及美国的欧亚战略利益，对美国全球领导地位构成挑战。因此，作为美国最重要地缘政治目标的欧亚大陆，既是美俄在政治范畴的较量空间，更是在军事安全领域的决战场地。俄罗斯认为，只有一个强大的国家才能预防和应对各种军事威胁，在世界范围内保护本国国家利益，并成功实现国家目标。俄罗斯同时强调，要运用国家安全保障力

① 普京新保守主义是指，政治上的中央集权的国家主义、经济上的混合所有制经济和灵活的保护主义，以及社会文化上实行反西方主义和恢复传统主义。

量，营造和维护有利于实现国家战略优先方向的内部和外部条件。这里的国家安全保障力量包括以空天军为主的国家所有空天兵力兵器。当前，俄罗斯认为空天袭击是最严重的军事安全威胁之一，由于高精确空天袭击兵器及其投送设备、太空导航与作战指挥设备的生产技术飞速发展，因此极有可能发生大规模空天进攻作战行动。只有依靠强大的国家作为坚强后盾，才能确保国家空天安全战略有效发挥作用，才能确保在未来的空天作战行动中占据有利地位。

其二，强国战略为俄罗斯维护世界政治生态助力。未来俄罗斯面临的空天安全威胁不仅仅源于美欧等世界大国，如果说美国的欧亚战略对俄造成的空天安全威胁是潜在的，那么俄罗斯周边不稳定局势对俄产生的空天安全威胁则是现实的。俄格战争、乌克兰危机、叙利亚危机、纳卡冲突、俄边境的北约反导系统等现实威胁对俄空天力量的发展提出迫切需求。与此同时，近年来，国际恐怖主义持续蔓延，特别是极端主义分子可能获取并使用空袭兵器与攻击性导弹等非传统空天安全威胁现象也急剧扩散。为此，俄罗斯在强国战略的全力推动下，在空天领域采用直接军事对抗、战略威慑和战略合作等方式，极力阻止域外大国对冲突地区局势的干预，降低区域范围内恐怖分子采取空天打击手段的概率，努力净化周边政治生态，提升国际影响力。

四、军事文化视角：彪悍的战斗精神推动俄罗斯空天对抗战略转型

军事文化包含军队价值观念、忠诚文化、战斗文化、管理文化、谋略文化等多个领域。俄罗斯军事文化同样内容丰富，但究其根源，主要体现在浓厚的战斗精神和强烈的战备思维两个层面。在这种强悍好胜、不屈不挠的特色军事文化当中，成功孕育出了俄罗斯在国家空天安全领域的战略思维。

一方面，浓厚的战斗精神时刻督促俄罗斯捍卫国家尊严。纵观历史，俄罗斯民族的发展历程堪称一部波澜壮阔的战争史诗，在长期的征战实践中培育出坚忍不拔的战斗精神，从彼得一世、叶卡捷琳娜二世、亚历山大一世等俄国统帅，到苏沃洛夫、库图佐夫等军事将领，再到德拉戈米罗夫、莱尔等军事理论家和思想家，都高度重视俄军战斗精神的培育和传承。俄罗斯有句著名的谚语——"铁棍横扫，无招可挡，若要抵抗，铁棍加粗"，从中可以看出俄罗斯民族的强悍和魄力。从战争实践来看，自公元 1370 年至公元 1895 年的 525 年内俄罗斯有329 年在打仗，而且和每一个邻国之间都发生过战争，即使在苏联时期，也对波兰、匈牙利、捷克斯洛伐克和阿富汗等国发动过军事行动。对于如此好战的民族，一切为了战争胜利、大力发展军事力量已经深入骨髓。苏联解体后，崇军尚武精神并

未随之消散，而是在遭受短期的挫败感和经历短期的低迷期之后，再次被唤醒，重新回归俄罗斯军事文化的精髓。自普京就任总统后，利用国家的能源收入，逐年加大军队建设经费投入，在其第一个总统任期内，军事预算，特别是空军预算翻了两番。随着俄罗斯民族自豪感的逐渐增强，在强国战略的感召下，俄罗斯的崇军尚武精神达到了一个全新的高度。也正是在这种精神的催生下，普京总统对域外力量干涉的回应愈加强硬，对太空军事化的反映尤为激烈，对国家空天防御体系建设的力度持续加大，并特别强调，任何人都不要妄想取得针对俄罗斯的军事优势。这种"强硬"的背后蕴含的正是俄罗斯为维护民族尊严和国家荣誉而推崇的全民性的尚武精神。

另一方面，强烈的战备思维不断推动俄罗斯提升军事威慑力。苏联索科洛夫斯基元帅（В. Д. СоколоВский）在《军事战略》一书中指出，"国家和军队不预先进行全面的战争准备，要取得战争胜利是根本不可能的"。俄罗斯对空天安全问题本身的思考，以及在空天安全领域所采取的诸多实践举措，正是其强烈战备思维的最好诠释。俄罗斯自 1993 年起就再次开始重点关注国家空天安全问题，并采取了一系列措施，但是由于国家百废待兴，一些措施并未得到有效落实，甚至还走了许多弯路。普京总统上台后，逐年加大空天安全领域的经费投入，从思想上重视空天战备；出台《国家空天防御构想》和

《军事学说》，从理论上论证空天战备；第三次就任总统当天签署优先发展空天防御力量的总统令，从决策上突出空天战备；2011年空天防御兵的组建、2015年空天军的成立，从体制上推动空天战备；2008年"新面貌"军事改革，从行动上落实空天战备；俄格战争、乌克兰危机、叙利亚军事行动、俄乌冲突，以及战略轰炸机巡航、航母远航等演习演练，则从实战中检验空天战备。由此可见，俄罗斯国家空天安全战略的各个方面无不体现了俄军浓厚的战备文化，并从根本上提升了俄军的战斗力和威慑力。

综上所述，俄罗斯空天安全战略的制定与实施，源于本国在独特地缘政治空间、传统民族价值观念、社会发展现实诉求和深厚军事文化底蕴等方面的内在文化基因。通过分析俄罗斯空天安全战略的思想基础和文化内涵，一方面，认识到俄罗斯在空天安全发展领域的主动、坚韧、自信与决绝，另一方面，也体会到潜藏在俄罗斯民族深处的强势、彪悍、扩张与好战。

第三章 俄罗斯空天安全战略的主要内容

俄罗斯国家空天安全是国家安全在空天领域的表现，是国家生存和发展不受空天威胁、没有空天危险的状态，以及国家为实现这种状态所采取的一系列控制行动和措施。俄罗斯一贯重视国家空天安全，在对国家当前和未来所面临的空天安全威胁进行正确认识和客观判断的基础上，逐步形成了符合俄罗斯国家特点的空天安全战略和空天力量的未来发展思路。空天安全战略是国家对空天领域安全事务的总体筹划和指导。截至目前，俄罗斯暂未出台具体成文的国家空天安全战略，而是分别在《国家安全战略》《军事学说》《国家空天防御构想》等多种官方文献当中有所体现。

俄罗斯的《国家安全战略》是国家安全保障体系发展规划的基础性文献，是为了维护国家利益及保障个人、社会和国家安全，国家权力机构、组织和社会团体之间相互协同的基础。战略所确立的主要任务是运用国家安全保障力量，营造和维护有利于实现国家战略优先方向的内部和外部条件。《军事学说》是有关战争特点、慑止战争、战争准备和战争实施的科学知识体系，是俄罗斯组织和实施军事行动的指导性文献。《国家安全战略》是《军事学说》的基础，《军事学说》是《国家安全战略》在军事安全层面的具体体现，也是以国家安全为目标的军事安全领域发展政策。《国家空天防御构想》是俄罗斯《国家安全战略》和《军事学说》在空天安全领域的具体体现，是关于国家空天安全领域各项活动组织与实施的纲领性文件，也是推进国家空天防御体系建设的基本遵循。

21 世纪以来，俄罗斯先后两次出台"国家空天防御构想"。2006 年 4 月，俄罗斯出台《2016 年前俄罗斯联邦国家空天防御构想》，明确了国家空天防御作战理论、任务、原则、体制和作战样式，以及国家空天防御体系建设的未来总体发展目标。2019 年 4 月，俄罗斯总统普京签署《2030 年前俄罗斯联邦空天防御发展构想》，进一步明确了未来十年的国家空天防御体系建设目标和工作重点方向。两个文件的相同点在于：都立足于对国家空天安全威胁的科学判断，确立了"国家空天防御"在未来战争中的地位，并致力于构建一体化的国家空天防御体系。在作战对象上，都视以美国为首的北约为主要作战对象；在作战使用上，以战略、战役和战术反导为重点；在装备建设上，都强调加紧研制新型空天防御武器装备；

在作战样式上，都注重对所有空天防御兵力兵器的集中统一指挥。

由于 2015 年空天军成立以来，俄罗斯所面临的军事政治形势发生了变化，空天防御部队编制实现了防空、反导和太空防御的一体化，空天作战方式方法也发生了极大变化。因此，2019 年版的《空天防御构想》特别强调了空天防御的最重要任务是，加快构建国家空天防御体系，用于击退来自空天领域的外侵，并对国家重要目标进行防空和导弹防御；还明确了空天军武器装备的优先发展方向是研发和列装更加先进的防空系统。

基于对俄罗斯相关官方文献的分析，同时根据战略的构成要素，从解答"为什么、是什么、做什么、怎么做"四个问题入手，可以将俄罗斯国家空天安全战略的基本内容概括为以下四个方面（见表 3 - 1）。

表 3 - 1　俄罗斯空天安全战略的基本内容

着眼点		战略要素		基本内容
为什么 （基本依据）	⇨	战略环境	⇨	地缘空间压缩，空天竞争激烈
是什么 （行为指向）	⇨	战略目标	⇨	建立国家空天防御体系
做什么 （基本途径）	⇨	战略方针	⇨	积极防御、体系构建、核常兼备
怎么做 （方式方法）	⇨	战略手段	⇨	实力竞争与战略威慑

↘ 一、战略环境：地缘空间压缩，空天竞争激烈

战略环境是空天安全战略制定和实施的前提，是空天安全活动的基本依据。自海湾战争发生后，俄罗斯认识到空天袭击兵器对国家防空体系的严重威胁，认识到美西方国家在占领空天制高点方面的主动作为及明显优势，也认识到俄罗斯在空天安全领域的落后和脆弱。为此，俄罗斯重新审视国家所面临的空天安全威胁，并做出客观判断。在 2010 年版《军事学说》中指出，空天进攻力量的增强、高精确武器的运用、太空军事化是当前面临的主要威胁；2014 年版《军事学说》中也指出当前俄罗斯面临的主要外部危险是，旨在打破全球战略稳定和导弹核力量平衡的战略反导系统的研发部署、"全球快速打击"构想的实施、非核高精确战略武器系统的部署，以及太空军事化的推行，这一判断源于美国太空实力的不断加强。近年来，美国陆续研制高超声速轨道航天器、高超声速机载导弹和非核洲际弹道导弹系统等空天袭击兵器，大力发展空天作战武器装备；与此同时，调整编制体制，新组建太空司令部和太空军，进一步加剧太空军备竞赛和空天安全威胁程度。美国太空作战兵力兵器的快速发展，以及在俄邻国持续部署战略反导系统，对俄罗斯的空天安全提出了前所未有的严峻挑战。为此，俄罗斯在 2021 年

版《国家安全战略》中也明确指出，北约在俄罗斯周边增建军事基础设施，部署先进武器装备，加强情报侦察活动，进一步加大了对俄罗斯的军事威胁和危险程度。从俄罗斯空天安全环境的演变历程来看，美西方国家根本从未停止对俄罗斯施加地缘政治压力，美国坚决不允许在欧亚大陆上出现一个拥有足够强大实力的大国，西欧国家也对俄罗斯时刻保持警惕心理。然而，俄罗斯的民族性格决定了其绝对不会向美西方国家做出让步，更不会放弃事关国家核心利益的重要地缘空间。

二、战略目标：建立一体化国家空天防御体系

战略目标是空天安全战略制定和实施的出发点和落脚点，是空天安全活动的行为指向。俄罗斯基于对国家安全利益的科学认知，以及对国家所面临空天安全威胁的科学判断，逐步明确了国家空天安全战略目标，并在此基础上扎实推进各项任务的有序展开。当前，在以美国为首的北约持续东扩不断压缩俄罗斯战略空间的同时，美方还积极发展太空力量，企图谋求太空霸权。为了防止冷战后俄美之间的战略平衡被打破，俄罗斯从维护国家安全的整体高度出发，逐步明确了空天安全战略目标。从长远目标来看，一方面，使俄罗斯空天安全活动始终以保护个人、社会和国家的切身利益免遭来自国内外军事威胁为

基本依据，坚决维护国家主权和领土完整，确保本国有能力消除和对抗空天安全威胁；另一方面，通过增强本国在空天安全领域的强大实力，提升在解决国际重大问题方面的战略威慑力和影响力。从近期目标（具体战略任务）来看，则是通过建立一个集防空、反导和太空防御为一体的俄罗斯国家空天防御体系，维护本国及盟国在空天领域的安全，确保本国及盟国领土免遭空天打击；总体上分两步来构建国家空天防御体系，即 2020 年前建成梯次防空反导系统（该目标已按时达成），2020 年后逐步建成统一的国家空天防御体系。长期以来，俄罗斯始终围绕国家空天安全战略目标扎实推进空天安全领域的各项工作，顶着美西方国家在政治、经济、军事和外交等领域的多重压力，按时完成了诸多空天安全战略任务。空天军的组建实现了空天作战编制体制的调整与完善，空天作战武器装备的更新换代使俄罗斯武装力量面貌焕然一新，以空天军为主参与的叙利亚军事行动有力证明了俄罗斯空天作战力量的飞速成长和进步，以及空天竞争实力的极大提升。这些空天安全战略任务完成质量高效，进一步证明了俄罗斯空天安全战略目标的正确性与合理性。当然，我们同时也要看到，随着俄乌冲突的持续展开，使得俄罗斯空天安全战略的实施面临更为严峻的挑战，极有可能迟滞下一阶段的空大安全战略目标。

三、战略方针：积极防御、体系构建与核常兼备

战略方针是空天安全战略制定和实施的指导，是实现空天安全战略目标的基本途径。鉴于当前所处的地缘政治困境和经济下行压力，俄罗斯逐渐明晰空天安全战略方针。一是积极防御。就目前俄美空天力量总体对比态势来看，俄罗斯仍未摆脱美强俄弱的局面，但由于近年来俄罗斯在空天安全理论研究与实践探索方面所取得的巨大进步，其完全有能力在战争开始阶段对敌把握空天作战主动权。一方面，俄罗斯不断强化对抗其他国家在空天领域展开的侦察活动，并在必要时允许压制和摧毁他国太空侦察设备。另一方面，在战争展开阶段保护本国战略核力量目标免受高精确常规武器打击的同时，完全有能力动用空天进攻兵器对敌方重要目标和部队实施打击。二是体系构建。空天战场将空中和太空连接成为一体，而要赢得空天战场的胜利，必须实现空中作战兵器和太空作战兵器一体化，从而建立一体化的国家空天防御体系。正是从"一体化"和体系作战要求出发，俄罗斯力求实现对所有空天防御部队兵力兵器，以及俄军各军兵种的攻击兵力兵器的集中指挥，旨在不破坏俄军整体编制体制的情况下，通过实现对国家空天进攻与空天防御兵力兵器的统一指挥和有效协同，逐步建立兼具进攻与防御为一体的国家空天防御体系。三是核常兼备。俄罗斯在继

承苏联核力量运用理念的基础上，更加突出核力量的战略威慑作用。认为，"战略核力量是确保国家安全最可靠和最廉价的战略手段"，只有战略核力量才能有效遏制外敌入侵，慑止局部战争的爆发。因此，俄罗斯历来注重核力量的建设与运用，尤其是在经济发展持续低迷，综合国力相对较弱的发展阶段，更是把战略核力量的地位作用提上了很高的战略层次。然而，进入21世纪以来，面对美国咄咄逼人的空天安全攻势，俄罗斯在总结近几场局部战争经验教训的基础上，在2014版《军事学说》中首次提出"非核遏制"概念[①]，以期对未来可能发生的空天进攻行动选择性展开核遏制与非核遏制行动，确保本国抗击敌空天打击的实力和能力。

四、战略手段：展开实力竞争，强化战略威慑

空天安全战略手段是指国家为实现空天安全目标而对空天力量运用的方式与方法。俄罗斯确保国家安全所采用的空天安全战略手段主要包括两个方面：一是聚焦空天作战展开实力竞争。俄罗斯认为，当前虽然爆发大规模战争的可能性较小，但全球竞争呈加剧趋势，地区冲突仍不可协调，武力解决冲突的

---

① 在2014年版《俄罗斯联邦军事学说》中对"非核遏制系统"做出如下定义：非核遏制系统是指旨在预防对俄实施非核武器打击的外交、军事和军事技术措施体系。

现象犹存，在某些方向俄罗斯面临的军事危险有所增强。在这种安全环境下，一个大国应该在国家安全的各个领域保持必要且足够的军事实力，尤其是在空天安全领域。进入 21 世纪以来，俄罗斯迫于北约东扩的战略压力与随之产生的安全威胁，在美西方国家的严厉制裁下，仍大力推进军事改革，不断提升空天作战军事实力，特别注重对高精尖技术的开发应用，不断推出新型先进武器装备，在高超声速武器、激光武器和动能武器的研发，以及反无人机作战等方面都与美国不相上下，甚至优于美国的发展水平。在叙利亚军事行动中，俄军进一步通过实战检验了武装力量的空天作战实力和装备作战性能，使作战人员和作战装备的整体作战实力得到质的提升。二是聚焦装备发展强化战略威慑。俄罗斯总统普京在 2013 年 6 月圣彼得堡举行的一次会议中特别强调，"不允许现有战略遏制系统的平衡被打破，不允许我们的核力量效能受到弱化"，同时指出，"从根本上来讲，有效的空天防御可以保护国家领土免遭空天打击"。在 2021 年版《国家安全战略》中针对北约持续强化俄罗斯周边军事基础设施和武器装备的部署，俄罗斯再次强调要确保国家军事安全，必须保持足够的核威慑潜力。由此看出，俄罗斯依然高度重视国家的战略遏制手段的灵活有效运用，一方面强调战略核力量的威慑；另一方面强调空天防御体系建设，其目的是通过全面提升空天作战军事实力，牢牢掌控空天优势，达到强化威慑、遏制战争的效果。为此，俄军大力发展第六代战斗机、五代机苏－57型战斗机、未来远程战略轰炸机、未来军用运输机、S－500型防空导弹系统、S－550型反导系统，以及"匕首""锆石""先锋"高超声速武器等先进作战装备，每年举行多种主题、不同规模的空天防御联合军事演习，积极参与关乎切身利益的域外作战行动，不断强化俄军在世界范围内的影响力，提升空天震慑力。

综上所述，俄罗斯空天安全战略的内涵包括地缘空间压缩、空天竞争激烈的空天安全战略环境，建设一体化国家空天防御体系的空天安全战略目标，积极防御、体系构建和核常兼备的空天安全战略方针，以及展开实力竞争、强化战略威慑的空天安全战略手段。

第四章 俄罗斯空天安全战略的主要特点

俄罗斯空天安全战略反映了俄罗斯的国家空天安全总体发展思路，体现了国家空天防御体系建设的战略构想和实施路径，具有以下主要特点（图4-1）。

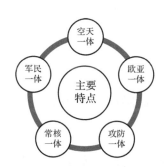

图4-1 俄罗斯空天安全战略的主要特点

一、一贯遵循"空天一体"战略定位

"空天一体"的核心是航空力量与航天力量的融合发展及

其一体化运用。面对日益激烈的空天权势博弈，俄罗斯始终遵循"空天一体"的战略定位和发展思路，始终把空中和太空融为一体，始终把"空天防御"作为国家安全和军队建设的优先发展方向，始终把建设集防空、反导和太空防御为一体的国家空天防御体系作为新一轮军事改革的主线和主要目标。

首先，在地理空间层面，俄罗斯主张"空中和太空"的空间一体化。国家的空天安全有广义和狭义之分。从狭义视角看，空天安全包括空中安全和太空安全；从广义角度而言，还包括地面安全和信息安全等方面。随着人类对太空领域的开发利用，以及相关高新技术的飞速发展，空中和太空的融合程度逐步加深，两者的空间界限也逐步变得模糊。俄罗斯将"空天"作为一个空间整体，一方面基于两者的空间融合，另一方面也是出于对当前和未来战争样式的客观认识和判断。

其次，在战略规划层面，俄罗斯主张优先发展"空天防御"。空天军事行动的成效决定整个战争的过程和结果。俄罗斯认为，空天袭击兵器是国家安全的主要威胁，随着空天安全威胁等级的不断增长，未来空天作战行动的方式、方法和手段都有可能发生巨大变化，必须充分认识空天防御的必要性和重要性，从战略高度赋予其重要价值和作用。为此，在俄罗斯所有版本的《军事学说》中都将"空天防御"列为确保国家安全的优先发展方向。另外，俄罗斯认为，空天防御是一项系统工程，牵涉到国家诸多领域。《俄罗斯联邦空天防御（草案）》对"空天防御"定义为"采用政治、经济、科技、军事和组织、法规等诸多措施，确保国家免遭空天袭击，以消除国家空天安全威胁"。可以看出，要实现国家空天防御，必须动员国家和军队层面的各个环节，综合运用多种措施，并根据统一规划和统一指挥来完成。

最后，在实践论证层面，俄罗斯主张"防空、反导与太空防御"一体化。俄罗斯空天防御实践源于沙皇俄国时期，20世纪初期陆续出台《关于组织对首都彼得格勒与行宫皇村的防空》《国土与主要部队集群防空组织原则》等官方指导性文献，着手对俄国重要目标建立防空系统，并在一战期间得到成功实践。苏联时期，先进的防空系统在美苏热火朝天的军备竞赛中取得长足发展，并在保障国家安全方面起到了关键性的作用。苏联解体后，俄罗斯认识到武装斗争的主要空间转向空天领域，于1993年提出构建国家空天防御体系，2006年出台《国家空天防御构想》，从而明确了确保国家空天安全的发展思路和原则，确立了俄罗斯"防空、反导与太空防御"一体化的发展方向，并全力构建国家空天防御体系。经过十多年的探索与实践，俄罗斯在军队编制体制改革和武器装备更新换代等方面，均取得了突出成就。2015年8月组建空天军，实现了空军、太空兵和防空反导部队的有机结合，从编制层面实现了防空、反导与太空防御的一体化。武器装备层面大力发展先进战机、无人机、地空导弹系统和高超声速武器等，并在叙利亚军事行动中得到了充分的实践检验，进一步推动了武器装备的快速发展。据报道，俄罗斯空天军的现代化武器装备更新换代计划已于 2020 年底顺利完成，超过了原计划 70% 的发展目标。

二、始终立足"欧亚一体"地缘基础

随着俄罗斯对当前世界政治生态及国家安全利益的科学判断，其空天安全战略构想已不仅局限于国家层面，而是逐渐显现出一种全新的发展态势，即从欧亚大陆这一"世界心脏地带"的地缘战略视角出发，将空天安全战略上升到欧亚大陆（即欧亚大陆中心地区及南部地区）层面，力求构建覆盖欧亚大陆中心地带的一体化欧亚空天防御体系。

从历史使命而言，欧亚主义思想的内在影响根深蒂固。欧亚空天防御体系建设构想是俄罗斯新欧亚主义思想在空天防御领域的创新应用和具体体现。新欧亚主义思想是俄罗斯独立后，在谋求大国复兴、实现强国战略的进程中，将强调亲西方的大西洋主义和强调民族特性的斯拉夫主义有机融合之后的中间路线，是建立在俄罗斯特殊地理位置和现实地缘政治基础上的特殊思想。欧亚主义者认为，俄罗斯的领土横跨欧洲和亚洲、气候兼具东西方的自然条件、文化融合了东西方文明，是一个具有特殊历史意义的中间大陆"欧亚洲",并因此赋予俄罗斯特殊的历史使命——它不是欧洲与亚洲、东方和西方的缓冲区,而是一个具有深入调和性的综合基地。与此同时,欧亚主义者认为,俄罗斯是继罗马帝国和拜占庭帝国之后的"第三罗马",具有拯救欧亚大陆各民族的历史使命,俄罗斯的成长历程巩固了"欧亚洲"的领土统一,当前和未来的俄罗斯也理应成为保障"欧亚洲"稳定和统一的地缘政治矢量。鉴于此,俄罗斯提出"欧亚空天防御"战略构想的根本出发点,正是新欧亚主义思想的出发点,即以欧亚大陆为地缘基础,保护俄罗斯的历史统一性,巩固强大的多民族国家主权和领土完整,积极推动全球化背景下的各国互利合作友好关系。

从现实需求出发,"大欧亚"战略的现实影响深远。2016 年,普京正式提出"大欧亚伙伴关系",这既是俄罗斯应对国内外政治、经济、外交和军事等方面压力的反映,也是其努力实现后苏联空间一体化,主动构建地区乃至世界新秩序的一种新尝试。"大欧亚"战略反映出俄罗斯重建欧亚大陆新秩序的战略思想,其根本目的是恢复世界大国地位,成为"保障欧亚大陆安全的主导国家"。在面临日益严峻的空天安全威胁的现实条件下,俄罗斯在独联体和欧亚联盟的基础上,主张积极拓展与各成员国之间在空天安全领域的合作,致力于构建欧亚空天防御体系,确保俄罗斯在更大战略范围内的空天安全和国家安全。俄罗斯原第五空防集团军司令库切里亚维（М. М. Кучерявый）中将指出，应首先加强独联体国家间的紧密合作，强化独联体在维护军事太空安全中的重要作用，以对抗美国太空霸权。波德别列兹京（А. И. Подберезкин）教授建议，"在制定国家军政方针时，必须做到欧亚一体化"，还要"明确选择军事政治优先方向，尤其是空天防御体系建设领域的优先方向"，特别强调"建立一体化的欧亚空天防御体系是维护国家空天安全的必然选择和最为紧迫的任务"。虽然，俄罗斯至今仍未出台严格意义上的、完善的欧亚空天防御建设构想，但通过分析俄罗斯权威专家智库的相关研究成果可以发现，欧亚空天防御战略思想将是俄罗斯"大欧亚"战略的重要组成部分，也是其安全合作领域的重要体现，有助于建立由俄罗斯主导的欧亚安全新体系和欧亚大陆新秩序。

三、逐步形成"攻防一体"发展模式

战略行动包括战略进攻和战略防御两种基本形式，基于对战略行动的划分标准，国家空天安全发展模式可以划分为以攻为主型、以防为主型和攻防兼备型三种模式。从苏联到俄罗斯，国家空天防御思想主要经历了从以战略进攻为主到以战略防御为主，再到攻防一体的发展历程。

第二次世界大战结束后初期，苏联虽然同时强调战略进攻和战略防御的必要性，但仅把战略防御作为战略进攻的补充。正如苏军克拉西利尼科夫（С. Красильников）中将在《战略进攻与战略防御》一文中所言，"仅采取战略防御的军队必然失败""应在不忽视防御行动的条件下，使军队成为一支可以实施大规模进攻作战的精锐之师"。赫鲁晓夫执政时期，苏军主张战略核打击，强调战争主要通过战略火箭军实施集中的火箭核突击，战争结果完全取决于核突击的效果，从而完全否定了战略防御的重要性和必要性。时任苏军副总参谋长什捷缅科上将（С. М. Штеменко）甚至指出，"战略防御在现代战争中是一种不容采取的战略行动"。勃列日涅夫执政时期，苏军主张既打核战争也打常规战争，重新肯定了战略防御的重要作用。戈尔巴乔夫在位期间，由于其"政治新思维"的影响，苏军则主张纯防御性战略，完全放弃了战略进攻。苏联解体后，俄罗斯从国家安全与发展利益的客观需求出发，强调把战略进攻和战略防御置于同等重要的位置，而且特别强调指出，"未来战争中的进攻和防御行动会呈现出一体化的发展趋势"。鉴于对历史发展的深入总结与反思，以及对新时期国家空天安全的现实威胁分析，21世纪的俄罗斯强调要优先发展国家空天防御，并致力于构建国家空天防御体系，以有效对抗潜在对手可能发动的空天袭击。

基于对21世纪以来俄罗斯空天防御思想的发展历程分析，

其"攻防一体"空天安全发展模式源于主观和客观两个方面的因素。具体而言，从主观上来看，随着俄罗斯经济实力的回升、军事实力的增强，以及国际影响力的不断提升，其国家安全与发展利益的向外拓展愿望也在逐渐增长，其战略视野不断拓宽，战略重点也做出了适时调整，从而导致俄罗斯的空天安全发展模式也会发生根本性的变化。从客观上而言，随着"新面貌"军事改革的实施，俄罗斯武装力量编制体制逐步完善，武器装备现代化程度得到实质提升，尤其是通过叙利亚军事行动的实战检验，俄罗斯军事实力和空天打击能力再次得到验证，国家完全具备了一定的利益拓展客观条件，其国家利益的安全发展边界也随之扩大，从而要求其国家空天安全战略的内容也应发生根本性的变化。

四、综合运用"常核一体"军事手段

俄罗斯采用的主要空天安全战略手段之一是强化战略威慑，主要包括核遏制与非核遏制两个层面。

一方面，核遏制战略是俄罗斯国家安全战略的核心，也是其空天安全战略的重要组成部分。苏联解体伊始，俄罗斯政府无暇顾及军队改革和武装力量建设，导致俄军发展严重滞后。随着北约东扩产生的现实安全威胁和强大战略压力，俄方逐渐认识到核遏制战略的重要地位和作用，重新把核遏制战略确立为确保国家安全的核心基础。从 1993 年版《俄罗斯联邦军事学说基本原则》到 2014 年版《军事学说》，都明确指出俄罗斯要优先发展战略核力量，以确保通过核威慑维护国家安全。2020 年 6 月，俄罗斯出台《俄罗斯联邦国家核遏制政策原则》，首次就核遏制战略与核武器使用出台官方政策文件，明确指出了核武器的使用原则，而且降低了核武器的使用门槛。2024 年 11 月，俄罗斯重新出台该文件修订版，拓宽了核威慑的内涵及对象范围，增加了核武器的使用情形及使用条件，同时突出核武器的战时运用。俄罗斯核遏制战略在一定程度上对美西方国家的地缘政治压力起到了很好的威慑作用，实现了战略平衡与稳定态势，但考虑到北约持续推进反导防御系统，以及在军事指挥系统、军事技术和武器装备领域的快速发展趋势，俄美之间的战略核力量对比仍存在极大的不确定性。

俄乌冲突中，俄罗斯充分发挥了核遏制的作用。冲突爆发前，俄罗斯组织开展了战略核力量演习，不同战区的"三位一体"核力量试射七种型号可携带核弹头的战略导弹，共有 3 万多名官兵参加。冲突开始不久，俄宣布将核力量提升至特殊战备状态，并成功试射"萨尔马特"洲际弹道导弹，有效传递了核威慑信息和坚定的决心意志，在一定程度上遏制了美西方国家向乌克兰直接派兵的军事冒险。

另一方面，非核遏制手段的重要性逐渐为俄罗斯所重视。

俄罗斯总统普京曾指出，国家间爆发全球核战争的可能性不大，因为这将意味着人类文明的毁灭。俄罗斯在 2014 年版《军事学说》中首次提出"非核遏制"概念，进一步明确了俄罗斯的"常核一体"发展理念。俄罗斯著名军事学者斯里普琴科（В. И. Слипченко）在其提出的"第六代战争"概念中指出，未来战争中起决定作用的不再是核武器，而是精确制导的常规进攻兵器与防御兵器，以及以新物理原理为基础的武器装备。纵观近几场局部战争，海湾战争中高精确武器的使用率不足 10%，科索沃战争中的使用率已接近 100%，而利比亚战争中只使用高精确武器。未来战争中，高精确武器等非核武器的使用范围和强度逐渐加大，其作用也发生了根本改变，不仅具有战略进攻和战略防御的特性，而且使得军事手段重新成为解决地区冲突及国家间冲突的常规手段。未来随着一些采用新物理原理的武器装备的研发与列装部队，非核遏制手段的重要地位将会更加凸显。

俄乌冲突中，俄军主要采用巡航导弹、战术弹道导弹和空地导弹等对乌克兰重要目标实施中远程精确打击，首次动用高超声速导弹投入实战，为有效掌控空天权、震慑西方国家、削弱乌克兰国防工业能力等发挥了重要作用。因此，未来大国冲突中精确打击武器的作战使用将成为打赢战争的关键。

由于强大的战略核力量是确保国家安全的最后一道防线，但无法用于有效解决局部战争与地区冲突；高精确武器、高超声速武器、信息化武器等装备，必然是未来战争中的主体作战装备，但却不能完成赋予核武器的重要使命，也不能完全取代核武器的重要作用。鉴于此，俄方认为，核遏制与非核遏制是实现国家空天安全乃至国家安全的两种手段，互为补充，缺一不可。

五、充分发挥"军民一体"保障机制

为提升空天安全战略实力，达成空天安全战略目标，一定要以强大的国家综合实力为根基。没有强大的综合国力，就没有强大的军事实力，也就不可能拥有强大的空天竞争力。俄罗斯自独立以来，经济发展迟缓滞后，为了提升国家综合国力，一贯重视挖掘军地联合所发挥出的巨大潜力。

战略规划层面，赋予国防动员重要历史使命。一是任务清晰。2014年版《军事学说》中指出，国家动员准备的主要任务之一是，为武装力量提供必要的人员补充和物资补充，以完成战时条件下的各项任务。国防军事经济保障的任务是，为武装力量、其他部队和机构配备武器、军事技术装备和特种技术装备，以使其达到能够遂行既定任务的水平。战时为武装力量和其他部队机构提供物资保障的基本任务是，在军事行动过程中，根据工业部门在供应和维修武器、军事技术装备和特种技术装备方面的能力，弥补武器、军事技术装备和特种技术装备与物资的损失。二是决策高效。俄罗斯以国家总统为国防动员的决策核心，安全会议提供决策咨询建议，联邦会议负责相关立法和监督工作，决策机制体现出集中统一、分工合作的显著特点，可以确保国防动员决策的有效制定。三是责任明确。关于国防动员的领导责任，也有明确的职责范围。俄罗斯联邦政府负责领导实施以经济动员为核心的国家总动员，而国防部负责领导实施军事动员，两者有机结合，良性沟通。

实际应用层面，科学合理使用军用和民用资源。武器装备研发方面，始终坚持自主创新。俄罗斯历来重视国防工业的自主可控发展，具备很强的工业基础和实力，主要依靠国内科研生产力量和具有自主产权的核心关键技术，有序推进武器装备的快速稳定发展，并取得了非常显著的成绩。"新面貌"军事改革以来，俄罗斯在长期遭受西方制裁的情况下，仍然按计划完成全军的武器装备更新换代计划，不断推出多型"国之重器"，并在乌克兰东部危机事件和叙利亚军事行动中崭露头角，不仅对西方国家造成强大威慑，而且充分展示了俄罗斯强大的国防工业自主可控能力，以及科学合理调配军用和民用资源的能力。人才培养方面，"科技连"成果显著。由于军事改革造成军事专业人才的大量流失和短缺，俄军通过组建"科技连"，从地方高校毕业生和在校优秀大学生中进行科技人才选拔，专门用于进行核心技术攻关。为满足对空天领域专业技术人才的客观需求，俄军于 2013 年在俄罗斯空军学院组建第一支"科技连"，重点研究航空发动机、飞行导航、电子战和信息安全等核心技术，并取得了丰硕的科技研究成果，切实解决了诸多技术难题。

总之，为确保国家空天安全，俄罗斯一贯遵循"空天一体"战略定位，在地理空间、战略规划和实践论证层面扎实推进空天一体防御体系建设；始终立足"欧亚一体"地缘基础，基于欧亚主义思想和大欧亚伙伴关系积极建立欧亚一体空天防御体系；逐步形成"攻防一体"发展模式，确保俄罗斯强大的空天防御能力、反击能力和进攻能力；综合运用"常核一体"军事手段，在坚持核遏制战略的总体原则下积极发展常规高精尖武器装备；充分发挥"军民一体"保障机制，依靠自主创新不断提升关键技术领域竞争优势。

第五章　俄罗斯空天安全战略的实践经验与教训

俄罗斯的空天安全战略并不仅停留在理论探讨和战略谋划层面，而且结合国家所面临的现实空天安全威胁，扎扎实实地落实到了实践层面。俄罗斯独立至今三十多年艰辛历程，也是国家空天安全战略的实践探索论证之路。历经无数次的思想碰撞和改革尝试，逐渐理顺了国家空天安全发展思路，探索出了符合俄罗斯国情的空天安全发展路径。与此同时，俄罗斯也通过平时密集展开的演习演练，以及战时部队的实战历练，逐渐积累了丰富的空天作战实践经验和教训，为确保国家空天安全，拓展国家空天利益，奠定了坚实的理论与实践基础。

在叙利亚军事行动中，俄罗斯空天军"一战成名"，不仅检验了俄军指挥体制和武器装备，而且创新了战术战法，锻炼了部队人才，积累了非常有益的空天作战经验，国家空天防御体系建设有序推进。然而，2022年2月以来的俄乌冲突，对俄罗斯空天安全战略的实施提出了严峻考验，在总体战略实施、武器装备运用、空天作战理论、专业人才培养和国际空天合作等方面都产生了深刻影响。虽然俄军在乌克兰战场上总体缓慢向前推进，但同时也暴露出诸多问题和不足，严重滞后了特别军事行动的进程，值得深入研究和参考借鉴。

◤ 一、构建国家空天防御体系是核心

面对日趋激烈的空天权势博弈和日益严峻的空天安全形势，俄罗斯总统普京多次强调，必须优先发展空天防御，建立国家空天防御体系。这是因为，国家空天防御体系是确保俄罗斯国家空天安全、维护国家空天利益，以及保护国家免遭空天袭击兵器打击的基本保障。

俄罗斯国家空天防御体系的构成与职能任务。俄罗斯国家空天防御体系主要包括空天袭击侦察预警系统、空天袭击兵器杀伤压制系统、空天防御指挥系统和全面保障系统（图 5 - 1）。空天袭击侦察预警系统包括导弹攻击预警系统、太空监视系统、统一自动化雷达系统、空中侦察系统等，负责空天防御部队的情报侦察保障任务，其中最主要的任务是及时探测到敌方战略导弹的瘫痪式突击，以及敌方高超声速武器的精确打击情况，以确保国家战略核遏制力量及其他重要军政设施的安全。空天袭击兵器杀伤压制系统包括防空导弹系统、高射炮武器系统、歼击航空

兵、导弹防御系统、太空防御系统、电子战压制系统等。由于这些兵力兵器在完成空天防御任务时会出现任务重叠交叉区域，俄方从战略层面对完成空天防御任务的兵力兵器资源进行了分配，如战略反导兵器与非战略反导兵器用于拦截战役战术导弹和高超声速飞行器，而使用防天反导兵器完成针对航天器与空天飞机的空天防御任务。空天防御指挥系统是指挥机关、指挥所和指挥与通信设备的总称，用于在平时完成空天防御指挥的战斗值班、作战规划、保持战备和全面备战任务，以及战时的作战准备和部队指挥等任务。

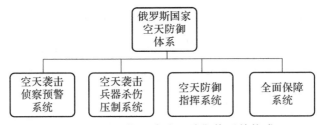

图 5 - 1 俄罗斯国家空天防御体系的构成

俄罗斯构建国家空天防御体系的基本原则。主要坚持三个原则落实国家空天防御体系建设，其一，攻防兼备原则。俄罗斯强调国家空天防御体系应具有强大的战略防御功能，同时还要具备在面临敌侵略及遭受敌首轮突袭的情况下实施快速反击和迎头还击的能力，充分体现了战略防御与战略进攻的有机统一。其二，自主创新原则。俄罗斯积极抢占空天军事竞争制高点，并主动寻求突破口。目前，俄罗斯国家空天防御体系各子系统的武器与军事技术设备主要由俄罗斯国内军工企业研发生产，尤其是高精尖技术开发领域，集中精锐力量加强科技攻关，依靠自主创新，不断完善国家科技创新能力。其三，非对称原则。非对称原则的实质在于，如果美国部署多梯次导弹防御系统并对俄罗斯实施空天打击时，俄罗斯应首先具备反击侵略并使对方遭受无法接受的损失的能力。由于俄罗斯经济发展低迷，军费支出有限，因此在构建国家空天防御体系，尤其是在推进武器装备建设发展过程中，采用非对称发展战略，集中力量发挥自身最大优势，在重点方向和关键领域实现对美方的部分优势，以此破解美方对俄方形成的多种战略压力。例如，俄军目前在高超声速武器研发列装和远程远海战略投送等领域完全可以与美军相抗衡，正是其近年来非对称发展战略的集中体现。

俄罗斯国家空天防御体系的发展方向。一是持续构建和完善空天梯次导弹防御体系，并逐步建立独联体国家一体化空天防御体系，从平面到立体全方位拓宽空天防御体系的覆盖范围；二是采取多种措施研发升级各级指挥所的自动化设备，建立统一的实时数据交换网络，构建国家空天防御体系的自动化指挥系统，确保在实施作战规划、作战准备和作战实施阶段可以及时确定最优方案，为领导决策提供智力支持，保障空天作战指挥统一高效；三是按计划推进各项科学试验工作，研发新型空天侦察预警设备和空天作战武器装备，加快装备列装，确保空天战略威慑力，提升打赢局部战争和地区战争的空天作战实力，以及保卫国家空天边界的能力；四是提升通信设备和数据传输设备的抗干扰性和可靠性，以及各系统之间的信息技术兼容性。

俄乌冲突中的主要教训。 此次冲突中，无人机的大量投入使用①极大地改变了空中作战格局，无人攻防作战在联合作战中的作用日益凸显，并逐渐从幕后走向前台。在此现实背景下，俄军在国家空天防御体系建设方面的一些问题逐步显现，主要表现为侦察预警系统的态势感知能力仍不够完善。乌军依靠北约强大的侦察情报系统，多次对包括首都莫斯科在内的俄本土多地实施空中突袭，采用 TB-2 型无人机摧毁"道尔""山毛榉"等防空导弹系统，并对俄军阵地实施空中精准打击，严重滞后了俄军作战行动计划和进程。这表明俄军对无人机的探测能力有限，难以及时快速地发现无人机。另外，俄军可用于对乌实施有效监控的侦察卫星较少，侦察部队和电子战部队的电磁监测手段缺乏很好的配合，难以形成无缝态势感知能力。反观乌克兰方面，依靠包括"星链"在内的美西方国家情报支援，实现了大量目标情报数据的实时传递，建立了无人机与地面打击力量的联系，实现了从传感器到射手的杀伤链闭合，确保了对俄军目标的快速探测和精准打击。

---

① 据报道，2022—2023 年，俄乌双方投入战场的无人机总量超 4000 架，其中，100 千克以下的小型无人机占 80%以上，是主体空中作战力量，极大地改变了战场攻防态势。

二、完善空天力量编制体制是抓手

为了构建国家空天防御体系，俄罗斯一方面积极组织开展空天防御理论探讨，另一方面则大力推进空天力量编制体制改革。采用边改革边论证的实践方式逐步推进国家空天防御体系建设走向完善和成熟。

1. 空天军的组建历程

回顾俄罗斯空天力量编制体制的调整过程，主要经历了从太空兵到空天防御兵再到空天军的发展历程（表 5 – 1）。1993 年，俄罗斯将分散在陆军和海军的防空部队纳入防空军（当时为独立军种），以便整合防空力量，构建空天防御体系，但该计划终因体制壁垒而走向流产。1997 年，俄罗斯又将防空军一分为二，把其中的导弹太空防御兵划归战略火箭军（当时为军种），防空部队则划归空军，从而导致防空力量与反导力量完全脱离。2001 年，俄罗斯又将导弹太空防御兵与军事航天力量合并组建为一个新的独立兵种——太空兵，但是该兵种所属部队之前并未涉及空天兵力兵器的作战使用问题，因此无法担负与空天竞争对手作战部队的对抗任务。2011 年，时任总统梅德韦杰夫签署法令，在太空兵的基础上正式组建空天防御兵，赋予其新的职能任务，主要包括及时发出导弹袭击预警情报、击毁敌弹道导弹、保护重要目标免遭敌空天袭击兵器的打击、监测太空目标查明太空安全威胁、发射航天器、动用卫星系统搜集并提供情报等。当时组建空天防御兵的目的主要是为了更有效地抗击各种空天袭击兵器，其中包括能够在高空30～120千米介于空中和太空之间"临近空间"活动的高超声速飞行器。为此要求在组织层面将防空系统和导弹太空防御系统整合为一个通用系统，但是空天防御兵运行四年期间内终未达成这一目标。鉴于长期实践摸索所积累的经验教训和现实需求，俄罗斯把空军和空天防御兵合并为一个新的军种——空天军，于2015年8月1日正式组建，俄罗斯的空天力量发展从此进入全新阶段。

表5–1 俄罗斯空天力量编制调整变化情况

时间	编制调整情况	调整结果
1993	各军种防空部队纳入防空军	整合防空力量
1997	导弹太空防御兵划归战略火箭军 防空部队划归空军	拆分防空力量
2001	合并导弹太空防御兵与军事航天力量	组建新兵种： 太空兵
2011	改编太空兵	组建新兵种： 空天防御兵
2015	合并空军和空天防御兵	组建新军种： 空天军

2. 空天军的编成、职能与任务

俄罗斯空天军主要包括三大兵种，即空军、太空兵和防空反导部队，此外还包括电子战部队、通信兵、雷达兵、工程兵、气象兵，以及技术保障部队、后勤保障部队、军事指挥机关警卫部队和科研院所等（图 5－2）。空天军的职能任务主要包含防御、攻击和保障三个方面，即：防御空天袭击兵器的打击；打击敌方目标、部队和战略导弹弹头；监视预警与情报保障。具体而言，主要包括实施空天态势侦察，查明空袭与导弹空天袭击情况并向军政领导层报告，反击空天侵略，保护军政高层指挥中心、行政中心、工业经济区域及其他重要设施免遭空天突击，使用常规杀伤兵器与核武器杀伤敌最重要目标，对各军兵种作战行动实施航空支援，保障航天器与洲际弹道导弹的发射与指挥等。

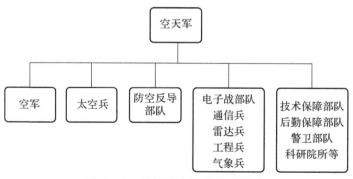

图 5－2　俄罗斯空天军主要编成

3. 空天军的优势

从编制层面而言，空天军有效实现了空中与太空的一体化，实现了航空力量与航天力量、防空力量与反导力量的一体化，为构建国家空天防御体系，实施有效的空天一体防御奠定了坚实基础。从职能任务层面而言，空天军的组建，可以实现空天防御构想所确定的发展目标，即"在统一领导下、按照统一的意图和计划，在共同的武装斗争体系内组织各军兵种部队集群展开作战行动"。空天军司令部作为空天作战行动的战略指挥机关，有权利而且有能力把国家所有空天防御兵力兵器集中在一起，平时组织实施一体化作战训练，战时进行集中指挥与统一领导。从作战实践层面来看，空天军组建伊始便开赴叙利亚战场，在实战中不断检验其作战能力，进一步证明了其自身优势。总体而言，空天军的成立，从根本上实现了俄罗斯国家空天防御体系在编制体制上的新突破，为从根本上提升国家空天防御作战能力奠定了坚实基础。

4. 俄乌冲突中的主要教训

在俄军的特别军事行动中，空天军始终处于主动地位，在拥有武器装备绝对优势的前提下，对乌方大量军事目标实施空中打击，强大的地空导弹系统也发挥了巨大作用，大大削弱了乌军航空兵和防空兵的作战实力。与此同时，在空天力量的作战使用方面也暴露出一些问题：一是军兵种作战协同程度不高。如在冲突初期，俄空天军与空降特种兵未能实现有效协同，导致在夺取基辅安东诺夫机场的作战中失利；地面进攻部队也因空中防护的缺失，而导致大量地面车队暴露在乌军打击范围内。有学者认为，其原因可能在于俄罗斯没有将空天军纳入最初的作战计划，以及缺少在协同作战方面的实战训练及作战经验。二是一些战术战法运用不合理。冲突伊始，为夺取制空天权，俄空天军出动大批战机对乌实施空中突袭，随后为减小损失，则主要通过远程精确打击方式摧毁乌克兰重要目标，而对地面部队的掩护任务主要由陆军航空兵负责。如此战术变化，虽然空天军减少了一定战损，但由于缺少可以在夜间实施打击的制导弹药和平台，其攻击精度以及对地面部队的支援受到影响，陆军航空兵的损耗率也因此大大增加。我们应从中吸取教训，积极探索军兵种协同作战方法，加强全域协同作战、航空兵夜间飞行等方面的训练力度，全面提升体系作战能力。

三、推进武器装备建设发展是关键

俄格冲突结束后，俄罗斯军政高层深刻总结经验教训，开启"新面貌"军事改革，以期彻底改变俄罗斯武装力量整体面貌，全面提升俄军实力。改革主要分为两大阶段，第一阶段为编制体制调整改革，第二阶段为武器装备升级换代。当时在国家武器装备计划中提出武器装备建设发展的目标是，在2020年以前实现先进新型武器装备比例达70%。据报道，2020年初，俄罗斯空天军现代化武器装备的占比已达75%，有力证明了俄罗斯空天安全战略实践的显著成果。随着俄乌冲突的持续推进，由新一代高新科技催生的无人机、电子战设备、高超声速导弹、激光武器、高功率武器等装备陆续进入俄罗斯的装备研发和列装计划，空天攻防作战态势日益紧张，空天竞争日趋激烈。俄罗斯始终紧跟空天作战武器装备发展趋势，声称要重点发展包括激光武器、电磁脉冲武器在内的多种采用新物理原理的武器装备，旨在确保国家空天安全。

表 5 – 2　俄罗斯空天防御武器装备发展重点

类别	发展重点	典型装备动态
空天进攻兵器	研发、列装和投入使用空天进攻平台和空天进攻兵器	列装苏 – 57 战机；升级图 – 160、图 – 95 和图 – 22 轰炸机；列装"匕首"等高超声速武器等
空天防御兵器	构建多梯次防空防天反导防御体系	完成 S – 300、S – 400 和 S – 500 防空反导系统演习与实战；完善 A – 135 和 A – 235 系统为主的首都防空防天反导系统；S – 350E 中程防空导弹系统等

类别	发展重点	典型装备动态
战略投送装备	改进与研发并举	改进伊尔－76重型运输机；批量生产伊尔－112V轻型运输机；研制伊尔－276重型运输机；改进安－124重型运输机等

装备建设方向及重点。俄罗斯着眼空天军事竞争，始终把空天防御武器装备建设作为发展重点。空天防御武器装备主要包括空天感知设备、空天进攻兵器、空天防御兵器、网电对抗兵器、战略投送装备等，其中，空天进攻兵器、空天防御兵器和战略投送装备是重点发展方向。空天进攻兵器方面，注重空天进攻平台和空天进攻兵器的研发、列装和作战使用。研发列装苏－57型战机，并在叙利亚战争中进行检验测试；为苏式系列的歼击机、强击机和歼击轰炸机配备新一代瞄准导航系统，助力实施空中精确打击；升级图－160M型战略轰炸机和图－95MS型轰炸机，提升其完成对敌实施远程轰炸和远程突击任务的作战能力；图－22M3M改进型战略轰炸机配备新型机载电子设备和机载武器，大大提升了其远程精确打击能力。"匕首"空射高超声速巡航导弹成功试射并在俄乌冲突中首次投入实战且大显身手，可搭载在苏－57、米格－31BM、图－22M3M等空天进攻平台上，对敌实施远程精确打击，进一步

提升了俄罗斯空天军的远程精确打击能力和空天防御能力。值得一提的是，叙利亚军事行动作为俄罗斯空天军武器装备的试验场，90%以上的战机从中进行了实战检验，收获了丰富的武器装备作战使用经验教训。空天防御兵器方面，注重构建多梯次防空防天反导防御体系。"金刚石—安泰"公司负责研发生产的 S－300、S－400 和 S－500 防空反导系统，可以拦截超低空飞行的巡航导弹、战术弹道导弹和中程弹道导弹，可以摧毁远程电子战飞机、预警机等高风险目标，还可以打击位于高、中、低空范围内的所有空气动力目标及其他飞行器；S－400"凯旋"防空导弹系统配备有技术软件设备和自动补偿器等元件，还可以确保该系统在敌方实施干扰的情况下能够正常工作；S－500"普罗米修斯"防空导弹系统则重点负责战略反导任务，于 2021 年正式列装，与 A－135"阿穆尔河"和 A－235"努多利"系统共同承担莫斯科的战略级首都防空防天反导任务。此外，该公司生产的 S－350E"勇士"防空导弹系统有效填补了中程防空系统的空白，3K96－2"涂金胶料－棱堡"舰载防空导弹系统则大大提升了海军部队的远程远海作战能力。总体而言，上述空天防御兵器已构成陆海空、远中近、高中低、全方位的俄罗斯地面防空反导体系，为俄罗斯铸就了坚不可摧的"防空堡垒"。战略投送兵器方面，注重改进与研发并举。改进伊尔－76 型重型运输机，其改进型伊尔－76MD－90A 型运输机已列装部队；批量生产伊尔－112V

型轻型军用运输机，该型机已于 2019 年完成首飞；研制伊尔 -
276 型重型军用运输机；改进安 -124 型重型运输机等。俄军运
输机虽然发展滞后，但战略投送能力高效。例如，在"中部 -
2019"战略演习中，俄空天军从 4 座机场出动 71 架伊尔 -76 型
军用运输机，成功将 2805 名空降兵和 216 件军事技术设备投送
到指定地点。

　　总之，俄罗斯强调基于突破性技术循序渐进发展先进武器
装备，以确保在日趋激烈的空天竞争中保持有效的战略平衡。
2019 年 4 月，俄罗斯总统普京签署《2030 年前俄罗斯联邦空
天防御发展构想》，再次明确空天军要优先发展先进的防空反
导系统。2019 年 11 月，俄罗斯国家安全委员会专门就空天防
御问题进行讨论，明确指出空天作战装备的发展思路，强调要
将人工智能技术充分应用到武器装备研发工作当中，进一步提
升俄罗斯武装力量的空天作战能力。当前，俄罗斯面临西方国
家最严厉的制裁，空天武器装备发展受到严重制约，因此特别
强调以创新求发展、求突破，以创新求平衡、求超越，不断弥
补差距和不足，从而确保自身在制空天权争夺态势中的有利
地位。

　　俄乌冲突中的主要教训。武器装备方面，俄罗斯虽然拥有
相对于乌克兰的绝对优势，尤其是远程精确打击兵器和地空导
弹系统的作战性能表现突出，但随着美西方国家持续对乌军提
供武器装备援助，以及战事的持续，俄军在特别军事行动中的

武器装备作战使用方面暴露出一些问题。一是武器装备供不应求。近年来，由于长期受到西方制裁，俄罗斯经济不景气，国家财政紧缩，武器装备的生产和列装受到严重影响，一些机载设备也因缺少国外生产元件而导致供应不足。二是缺少低成本精确制导弹药。俄空天军在冲突中的弹药使用规模总体较小，未能展现出航空弹药所支撑的高强度、大规模、强针对、低成本等持续打击的优势，对乌克兰实施空袭主要依赖非制导炸弹，采用空投非制导炸弹实施对地打击，这表明俄军库存的空对地精确制导弹药数量存在缺口。鉴于此，我们应吸取俄军的经验教训，一方面注重增加精确制导航空弹药的储备量，提高其在航空弹药装备中的比例，提升对目标打击的精准度；另一方面，应重视研发和列装低成本航空弹药，用于打击高价值目标，从而提升战争效费比。三是缺少察打一体无人机。虽然俄方声称拥有多种先进型隐身无人机，但在此次冲突中并未展现出绝对优势。其原因是，俄军虽然拥有大量无人机，但大中型无人机较少，尤其缺少高空长航时无人机，无人机总体作战能力有限，无人机的察打一体能力有待提升。鉴于此，俄军计划加大攻击型无人机的生产力度并加快其部队列装速度，同时将注重强化无人机与航空杀伤兵器的融合，提升无人机的攻击能力。

四、加强军地之间深度融合是保障

军地联合发展是俄罗斯武装力量建设发展的一大特色，其主要囿于美西方国家的全方位制裁与围堵，但同时也是俄罗斯自主攻关努力创新的源泉所在。俄罗斯的军地联合是国家空天安全政策实施的重要保障，主要体现在平时和战时两个方面。

平时强化军地联合大力推动核心关键技术攻关。一是综合运用军地力量大力推进国防工业体系良性运行。国防工业是仅次于能源产业的俄罗斯第二大支柱产业，不仅是落实俄罗斯军事改革举措、推动武器装备建设发展的主要动力，而且是促进俄罗斯经济发展、重塑俄罗斯世界大国梦想的重要手段。俄罗斯平时强化军地联合以推动核心关键技术攻关的主要着眼点之一，就是大力发展国家的国防工业体系。其中最具代表性的企业就是"金刚石－安泰"空天防御企业。"金刚石－安泰"全心致力于国家空天防御武器装备的研发生产工作，逐步发展成为国内最大的国防工业企业，并在国际军贸市场上牢牢占有一席之地。该公司秉承多方向发展的理念，全力打造可以有效保护国家重要目标的空天防御枢纽。经多年努力奋斗攻关，其服务对象已涵盖陆、海、空各军种，所研发导弹系统可以覆盖远、中、近全程目标，其防御对象也包含了高、中、低全高度各种目标。与此同时，该公司也主动拓展民用市场，尤其是注重发挥自身优势，准确选择了"领航系统"作为重点研发领域，成功解决从相关设备的研发到安全飞行算法的开发等多项重难点课题，有效规避了国外相关设备中设置后门进行系统改写的可能，从而使俄罗斯完全掌握了国家空中交通管制的权限。俄乌冲突爆发后，俄罗斯更加重视军地合作开发高新技术。2022 年 11 月，普京总统在"国家技术集团"成立 15 周年活动中对国家武器装备建设发展提出具体要求，其中特别强调要加强军地合作，尤其是国防部专家与武器装备设计局和科学中心之间的相互协作，以推动高新技术的开发利用。与此同时也呼吁军地武器专家总结利用部队作战经验教训，积极总结反制西方武器装备的有益经验。二是军地携手共同培育科技人才。俄军科技连的组建，是军地联合培养人才的一次大胆探索与创新，是俄罗斯军地联合发展的典型案例。2013 年起，俄罗斯每年从地方大学选拔优秀大学毕业生入伍，从事科学研究工作，一方面有效弥补了军队改革后专业科技人才的缺失，另一方面，也是地方人才资源对推动军事科技发展，尤其是对高精尖科技攻关的强大助力。科技连的组建及其运行成效，有力证明了俄罗斯军地联合行动与举措成功打造出了未来自主创新的后备军和生力军。

战时动用军地力量协同提升空天作战行动成效。叙利亚军事行动中，军地联合助力俄罗斯空天军高效完成远程作战战略投送。战争开始后的最初两个月内运输物资 21.4 万吨，战争期间，苏－24 战机遭击落后，仅用一天时间完成 S－400 型地空导弹系统的远程战场投送。这种高效、快速、强大的战略投送能力，源于俄罗斯对民用运输优势的充分发挥。战争期间，俄方科学调配军用和民用运输机，动用军用运输机负责运输武器装备，动用民用客机和货运飞机运送人员和物资；重点发挥大型运输机特色优势，频繁动用安－124 型超重型运输机，大规模使用民用运输工具，最大化利用民用运输力量优势，实现了军用运输力量和民用运输力量的有机融合，确保了俄罗斯空天军远程战略投送能力的全面提升。此外，俄军在叙利亚军事行动中还使用部分民用卫星，配合军用卫星实施太空卫星侦察，不仅可以确保俄军全面掌控战场实时动态，而且可以进行相互验证和补充，确保太空卫星侦察数据可靠真实。

三十多年来，俄罗斯积极落实国家空天安全战略决策，大胆尝试，奋力探索，历经车臣战争、俄格冲突、乌克兰危机、叙利亚军事行动、俄乌冲突等作战实践检验，以及每年数以万计的军事演习演练，逐渐积累了丰富的空天安全战略实践经验和教训。俄罗斯认为，必须坚持优先发展空天防御，积极构建国家空天防御体系；必须立足解决根本问题，建立健全既有责任、又有权力和能力组织实施空天作战的军队编制体制；必须抓住核心关键要素，大力推进空天作战武器装备建设发展；必须坚持自主创新，不断强化军地之间的深度融合。

第六章 俄罗斯空天安全战略对我国安全与发展的影响

空天安全战略是基于国家在空天领域的现实安全威胁和国家利益需求而做出的总体筹划和指导，是国家安全与发展利益在空天安全领域的集中体现。俄罗斯独立以来，其地缘政治势力范围因北约持续东扩而大大压缩，经济发展因美西方国家强力制裁而持续低迷，国内环境因潜在对手实施心理战、舆论战、信息战推动颜色革命而暗潮涌动，军事实力更是遭遇强敌屡屡挑衅。作为渴求恢复全球具有重大影响力的世界大国，俄罗斯一直深深感受到自身所面临的巨大安全威胁和危险，这些威胁和危险在空天安全领域的体现尤为明显。

始于 2008 年的"新面貌"军事改革，极大助推俄罗斯军事实力的提升，尤其是空天军事实力，被提升到了一个全新水平，俄罗斯武装力量整体面貌发生巨大变化。在此期间，俄罗斯积极构建国家空天防御体系，从根本上深入推进编制体制调整，升级换代空天作战武器装备，完善导弹袭击预警系统和太空监视系统，优化国家空天安全指挥体系和全面保障机制等，目的就是要在当前激烈的空天竞争环境当中牢牢占有一席之地，确保国家空天安全。实践证明，俄罗斯新一轮军事改革取得了圆满成功，空天安全战略举措得到了很好的落实，取得了显著成效。

俄罗斯空天安全战略的主要内容和行动举措，对其自身空天安全未来发展走向，对世界空天安全形势、国际战略稳定、周边地区安全形势，以及我国安全与发展利益都有着重大战略影响。我国作为俄罗斯的邻国和重要合作伙伴，应及时把握发展态势，紧密跟踪俄罗斯空天安全战略举措的实施与推进，系统分析和全面把握其对国际战略形势、地区局势发展以及我国安全与发展的影响，从而及时采取应对策略，一方面尽力阻止世界空天安全态势趋向恶化，积极营造安全稳定的和平发展环境，另一方面，主动寻求合作路径，积极维护我国安全与发展利益，进一步完善我国空天防御体系，逐步提升国家空天竞争实力。

俄罗斯空天安全战略对我国安全与发展的影响主要体现在三个层面，即国际安全体系层面、地区安全与合作层面以及国家安全与发展层面。

一、基于国际安全体系层面的影响

俄罗斯作为具有世界影响力的大国，其空天安全战略的实施举措和成效，深刻影响着全球战略稳定和世界空天安全发展态势。

（一）持续激化空天利益冲突，加剧全球空天军备竞赛白热化

随着国家安全空间的拓展和延伸，国家利益的内涵也逐渐发生变化。国家利益是进行国家战略谋划的最高准则，一切国家战略都应从国家利益实际需求出发。当国家安全与发展利益拓展到空天领域，国家安全战略谋划也应向空天方向拓展。俄罗斯的国家安全战略强调以发展空天防御为优先方向，正是从国家利益出发而做出的重大战略决策。随着空天领域的战略地位日益凸显，世界各国对空天资源的争夺日趋激烈，空天军事化的步伐也越来越快。俄罗斯为了突破美西方国家的战略围堵，谋求与美国重新达成战略平衡，大力开发空天资源，开拓空天战场，发展空天力量，积极参与空天优势夺控战，势必进一步激化与包括美国在内的世界主要国家之间的空天利益冲突和矛盾。2019 年以来，美、法、英、日等国相继推出太空发

展战略，新建或调整空天力量编制体制，大力推动包括高超声速武器、激光武器、电子战武器等在内的空天作战武器装备建设发展，谋求自主开拓空天战场，抢占空天资源，谋求空天优势，以切实维护本国空天安全与发展利益。由此可见，世界主要大国对空天安全问题的重视程度不断增加，而且空天体系发展的系统化程度不断提高。随着高新技术的不断进步，空天资源的愈加减少，各国在空天领域的国家利益冲突和矛盾必然会逐渐增多和加深，可以预见，在未来相当长的一段时期内，全球空天军备竞赛势必愈演愈烈，全球总体空天安全形势不容乐观。

在这种情况下，我国空天安全也将面临重大挑战和威胁。近年来，我国基于国家安全与发展利益需求，高度关注国家空天防御体系建设，取得了较大成效。然而，随着世界空天竞争日趋激烈，国家空天安全与发展利益仍将面临多种未知冲突和矛盾。如何正确把握主要矛盾和问题，并妥善处理矛盾？如何趋利避害，展开"有理、有力、有节"的空天竞争？如何另辟蹊径，以"非对称"战略抢占空天竞争优势？我们应从国际战略层面深入思考和解决上述问题，努力使全球空天安全态势向好发展。

（二）制衡美欧空天发展态势，利于推动相对的全球战略稳定

从历史维度看，俄罗斯（苏联）与美欧的相互关系长期

保持一种既对立又合作的动态发展态势，即使在最有可能爆发大规模核战争的苏联时期，也保持在诸多领域的合作交流。苏联解体后，全球局势总体保持稳定，但是由于美国一家独大，为所欲为，持续加紧推动北约东扩，在俄罗斯周边部署反导系统，大力发展高精确武器，并在其利益关切地区挑起多场局部战争，世界局势的不稳定因素上升。普京总统执政以来，在强国战略驱动下，抓住关键机遇期重振俄罗斯经济，加快推进武装力量转型，全面调整军事战略，大力发展空天力量，其战略防御思想逐渐呈现进攻和防御一体化作战的发展趋势，并逐渐突出进攻性的特征。这种特点在某种程度上，是对追求超级霸权，建立单极世界的美国权力的制衡和地位的挑战。而美西方国家则更加坚信其通过北约东扩和部署反导系统对俄罗斯进行战略遏制的正确性。因此，从某种程度上而言，俄罗斯大力发展空天力量，是对美欧空天力量强劲发展态势的制衡，有助于保持全球相对的总体战略稳定。

（三）推动空天安全秩序之争，挑战美西方主导的国际安全体系

俄罗斯认为，必须建立一体化的欧亚空天防御体系，以确保欧亚大陆的整体安全。2016 年，俄罗斯总统普京提出"大欧亚伙伴关系"，致力于在欧亚大陆中心地带建立经济、政治

和安全共同体，这种"大欧亚"战略为欧亚空天防御战略思想奠定了理论依据和战略基础。欧亚空天防御战略思想是俄罗斯空天安全战略的新发展，其目的是要以建立一体化的欧亚空天防御体系为抓手，积极融入欧亚大陆安全体系建设当中，通过凝聚欧亚大陆各地区的国家政治共识，尝试构建地区乃至世界新秩序。然而，美国在欧亚大陆不断挑起军事冲突，其目的是为了控制欧亚大陆，排除地缘政治竞争对手，尤其是俄罗斯对欧亚大陆的影响力。美国前国务卿亨利·基辛格（Henry Alfred Kissinger）在《美国的全球战略》一书中指出，倘若俄欧之间的纽带比欧美之间的纽带更密切，则会触发大西洋关系的一场巨变。他认为，在建设新的国际秩序时，既要让俄罗斯发挥其重大作用，又要防止其重蹈帝国的覆辙。为此，俄罗斯积极建立和发展国家空天防御体系，提升空天安全实力，一方面推动了世界大国对空天安全秩序的争斗，另一方面也加剧了西方国家尤其是美国对俄罗斯的防范。

二、基于地区安全与合作层面的影响

自英国地理学家哈尔福德·麦金德提出"心脏地带说"之后，欧亚大陆一直成为世界大国战略利益角逐的主战场。美国地缘政治学家兹比格纽·布热津斯基（Zbigniew Brzezinski）曾指出，美国的首要利益是确保没有任何一个大国单独控制欧亚大陆这一地缘政治空间，这说明欧亚大陆对于美国的全球战略至关重要，如果欧亚大陆被任意一个大国控制，或者所有政治力量走向融合，那将是对美国的地缘政治优势和全球霸权的巨大挑战。鉴于此，一方面，为有效应对欧亚大陆面临的域外挑战和空天安全威胁，俄罗斯充分发挥自身"欧亚大陆心脏"地缘优势，努力推进欧亚空天防御一体化，主动与包括中国在内的欧亚大陆主要国家展开地区安全合作及军事技术合作；另一方面，由于俄罗斯秉承构建欧亚空天防御体系的战略构想，在推进与地区国家全方位合作的同时，也必然关注我国空天安全战略发展动态对俄罗斯以及对其与地区国家开展合作的影响。

（一）美西方国家对俄罗斯的战略围堵，势必助推俄罗斯与我加强合作

布热津斯基曾指出，"俄罗斯的野心涵盖范围要大得多，渴望重新成为全球主要大国"。美国前国务卿亨利·基辛格也曾指出，"俄罗斯的野心与其领土扩张成正比"。鉴于对俄罗斯发展历史的分析研究，为遏制俄罗斯的巨大野心，美西方国家一贯奉行对俄实施战略围堵的政策。即使在苏联解体后俄罗斯国内百废待兴的严峻条件下，美西方国家依然坚持北约东扩，增加部署反导系统和联合武装部队，大力推进军事基础设

施建设，从俄罗斯西部、西南部和西北部方向，极大地压缩了俄罗斯的地缘战略空间。与此同时，美国积极推进"大中亚政策"和"新丝绸之路"战略，插手中亚地区国家事务，发动阿富汗战争，从俄罗斯南部进一步压缩俄战略空间，不断对俄实施战略围堵，其表层目的在于推动中亚地区的经济发展，实则是阻止后苏联地区一体化进程，削弱俄罗斯和中国在该地区的战略影响力。另外，美国还积极打造"亚洲版北约"，联合日本、澳大利亚、印度等国，以遏制中国为主要目的，同时从俄罗斯东部对其实施战略围堵。美国 2017 年 12 月出台的《国家安全战略报告》和 2018 年 1 月发布的《国防战略报告》中，都明确指出大国竞争是其未来重点战略方向，并把中国和俄罗斯列为主要战略竞争对手。2020 年 12 月，北约制定的一份报告中也指出，2030 年前俄罗斯仍是北约最大的安全威胁。作为对美西方国家的回应，2021 年 7 月，俄罗斯出台的新版《国家安全战略》中指出，一些国家把俄罗斯视为威胁和军事对手，不断加剧俄罗斯周边地区紧张局势，在独联体国家内部煽动分裂活动，旨在破坏俄罗斯与其传统盟友的关系；另外还删除了 2015 年版《国家安全战略》中"与美国构建真正伙伴关系""与欧盟巩固互利合作"等内容，这说明俄罗斯已经不再对美西方国家抱有幻想，逐步加快"去西方化"，加速"向东看"。

俄乌冲突以来，俄罗斯与美西方国家之间的战略分歧和矛盾更加激化，西方对俄罗斯的战略围堵甚至内部干涉都不会停止，双方之间的核心利益冲突在很长一段时间内难以得到缓解。鉴于此，在美西方国家持续加大对俄罗斯进行战略围堵的背景下，俄罗斯为了保持并扩大其战略空间，保持国家的战略影响力，势必会与中国等国共同携手面对战略竞争对手。俄罗斯在新版《国家安全战略》中强调，要"发展与中国的全面战略协作伙伴关系""在上海合作组织和金砖国家框架内深化多边合作""强化俄中印相互协作职能体制框架"，这为深化中俄双方合作提供了战略指导和实践依据。与此同时，随着中国在世界政治生态中影响力的提升，中国和美国在世界政治、经济、科技和军事等领域的矛盾问题逐步加深，中国同样需要与俄罗斯加强合作，充分利用好国家安全与发展的战略机遇期，共同有效应对来自美西方国家的战略制衡与遏制打压。

发展军事力量，加强相互军事交流与合作，符合中俄两国的国家安全与发展利益。俄罗斯认为，军事力量是国际关系主体达成其地缘政治目的的重要手段，是维护国家利益和大国地位的关键手段。习近平总书记多次强调，"强国必须强军"，要"全面提高新时代备战打仗能力"，"塑造安全态势，遏控危机冲突，打赢局部战争"。近年来，中俄两军积极开展交流合作，通过联合军事演习和训练，共同提升军事实力。两国共同参与的"和平使命"军事演习、"空天安全"中俄首长司令部联合计算机反导演习，"天空之钥""航空飞镖""空降排"

等多项空天作战训练项目在内的国际军事比赛，以及中俄双方联合空中巡逻等，进一步深化了中俄两军之间的密切合作，双方的空天作战实力得到进一步提升，从一定程度上形成了对美西方国家的战略威慑力，也有利于缓解俄罗斯所承受的战略围堵压力。

（二）俄罗斯对"欧亚一体防御"的重视，势必关注我空天战略对其影响

随着普京总统"大欧亚伙伴关系"的提出，俄罗斯与欧亚大陆中心地带的其他国家逐步加强全方位合作。在国家安全和军事合作层面，俄罗斯致力于以独联体国家为主体，积极推进欧亚空天防御体系建设。如此规划的原因主要有二：一是独联体各国与俄罗斯在地缘上亲近，可以作为俄罗斯国家空天防御体系的自然延伸部分；二是通过建立独联体空天防御体系，还可以恢复与独联体国家在军工企业生产技术等领域的合作。

独联体国家地区是俄罗斯稳定周边、抗衡北约的前沿阵地，是俄罗斯立足欧亚大陆、重振大国地位的战略要地。由于受苏联影响，独联体国家对俄罗斯的大国沙文主义时刻保持警惕，再加上中亚各国的外交政策不确定、社会和经济发展程度不稳定，以及近年来美国对该地区的渗透分化，进一步加剧了

独联体国家地区的不稳定性。为此，俄罗斯 2021 版《国家安全战略》中指出，发展与独联体国家的双边与多边合作关系，是俄罗斯对外政策的优先发展方向，并将集体安全条约组织视为应对地区挑战、军事政治威胁和军事战略威胁的主要工具。其中，俄罗斯明确表达了其战略空间和核心利益，并表示，为坚决维护战略空间、利益及其盟国权益，将不惜动用军事手段，坚决抵制一些国家和组织对其战略空间的压缩。俄军目前正在 1995 年签署的关于独联体成员国联合防空系统的协议框架下，致力于建立双边或多边区域联合防空系统，用于维护东欧（俄罗斯与白俄罗斯）、高加索（俄罗斯与亚美尼亚）及中亚地区（俄罗斯与中亚国家）的集体安全，力求将独联体地区作为俄罗斯国家空天防御体系的自然延伸部分，逐步形成一体化空天防御体系，使俄罗斯及其盟国免遭来自空中和太空的敌空天袭击兵器的打击。2022 年 4 月，据俄罗斯塔斯社报道，独联体国家国防部长理事会防空问题协调委员会副主席尤里·格列霍夫（Ю. Н. Грехов）表示，独联体国家正在完善联合防空系统以适应空天防御任务需求。为此，独联体成员国正致力于不断完善双边和多边合作的法律框架，积极落实关于建立集体安全区域联合防空系统的有关协议，深入开展军事技术合作及作战训练活动。其关注重点是独联体国家之间军事合作的未来规划问题，尤其是建立区域空天防御体系的相关法律框架、组织结构和军事技术等问题。

近年来，我国在"一带一路"倡议的指引下，积极发展与"一带一路"沿线国家的合作关系，这些国家中包括一些独联体国家和集体安全条约组织成员国。随着我国综合国力和国际影响力的进一步提升，对该地区的影响作用可能会进一步增大，可能对俄罗斯在该地区的政治、军事和外交等领域的主导地位产生影响，从而在某种程度上与俄罗斯发生不可预知的利益矛盾。为防止我国对该地区军事影响力的加深，俄罗斯也会密切跟踪我国军事实力，尤其是空天军事实力的发展动态，高度关注我国空天安全政策的影响。

俄罗斯一贯主张竞争与合作并存，认为即使面临严峻的政治和军事对抗，也可以根据俄罗斯自身及其盟友的利益，充分考虑彼此之间的对话空间。从俄罗斯对待北约东扩和西方制裁的回应态度可见一斑。由此推断，即使中国和俄罗斯在事关国家核心利益的地区出现矛盾，仍可以通过及时有效的对话沟通予以化解。当然，我国在加强地区合作时，也应提前预测潜在风险和矛盾，事先加强沟通协调，持续推进双方友好合作关系向前发展。

(三) 俄罗斯对"周边国家"的重视，势必警惕我国与地区国家间的合作

俄罗斯通常把周边国家分为近周边国家和远周边国家。近

周边国家①是指原苏联国家（波罗的海三国除外），远周边国家是指除近周边国家以外的其他周边国家和地区②。由于近周边国家与俄罗斯在民族渊源、历史发展等方面有着千丝万缕的亲密关系，因此即使在苏联解体后，俄罗斯与这些国家和地区之间在政治、经济、外交、文化和军事等领域仍保持着紧密联系。随着俄罗斯逐渐从独立之初的迷茫和衰败阴影中走出来，政治影响力和军事实力发生了质的飞跃，其作为世界政治版图中的重要一极，对周边国家和地区的"掌控"是其持续提升国际地位的重要环节。俄罗斯始终把原苏联空间看作关乎自身地缘战略利益的核心区域，认为应当把任何外来的政治、经济、军事等领域的影响排除在该地区之外。换言之，俄罗斯认为，如果丧失对周边国家和地区的影响力，其地缘政治空间将会随之进一步压缩，也将会面临更大的安全威胁和危险。

中亚地区不仅是中俄两国展开相互合作的重要平台，也是两国关系的检验测试平台。中亚地区一直被看作俄罗斯的"后院"，是俄罗斯的重要战略缓冲区，也是其建立一体化空

---

① "近周边国家"又称"近邻"，是俄罗斯对原苏联国家的独特称谓。"近邻"不仅仅局限于地理层面，更是民族渊源和文化心理层面的近邻。"近邻"概念代表了俄罗斯一直追求的一体化地区的大致轮廓，是俄罗斯要经营成地缘战略的整体板块。

② 远周边国家和地区包括：中国、蒙古国、日本、朝鲜、韩国、土耳其，以及欧盟和中东地区等。

天防御体系的重要地缘考量。中亚地区同样是我国"一带一路"倡议的重要利益关切区域，在空天安全领域与我国也有着紧密的合作关系。目前，俄罗斯国内对我国"一带一路"倡议并非完全支持，也存在诸多反对声音，他们认为，中国此举意在提升对中亚地区国家的政治影响力，而且具有潜在的军事意图。如果任其发展，可能会削弱俄罗斯在该地区的战略影响力，并对其在中亚地区的领导地位带来挑战。这些对我高度警惕甚至略带敌对的心理和观点，源于对我国经济实力和军事实力不断提升的担心和顾忌。我们应在坚定不移推进实施国家重大战略决策的同时，合理化解双方矛盾问题，及时消除与俄方之间的疑虑和误解，共同维护两国在该地区的国家安全与发展利益。

中东地区是关系到俄罗斯西南方向战略空间拓展的重要地区，也是俄罗斯突破北约地缘政治空间包围圈的核心利益区域。该地区还是进入 21 世纪以来数场局部战争的发生地，牵扯到世界主要大国的国家利益和政治诉求。由于北约东扩、反导防御系统的部署，以及对俄罗斯的经济制裁，使得俄罗斯多年来只能在夹缝中求生存。叙利亚军事行动中俄罗斯的介入，使其从夹缝中实现了战略突围，进一步扩大了俄罗斯在世界政治舞台上的影响力。俄罗斯空天军组建后首次完成的远程作战行动收获了卓越战绩。此次行动的最初 5 个月空天军完成9000 余架次飞行任务，86% 的飞行人员参与了实战行动，几乎所有现役战机进行了实战检验，并对新研制的五代机、运输机和高精确导弹进行了实战测试，此外还大规模使用无人机，充分检验了俄罗斯空天军的实战能力和存在的问题。另外，入叙作战行动还充分展示了俄空天军的快速机动能力和战略投送能力，军事运输航空兵在开战前的半个月内共出动飞机 280 架次，运送包括武器装备、技术设备和食物在内共 13750 吨物资，在开战后两个月内共运输 21.4 万多吨物资，2015 年军用运输航空兵的总飞行时间超过 5 万小时。与此同时，俄罗斯利用此次契机逐步形成地区同盟。与叙利亚、伊朗、伊拉克建立了情报共享机制，为俄空天军快速、有效、精准打击恐怖分子提供了准确可靠的情报支援；随着土耳其政变的失败，土耳其与华盛顿之间产生嫌隙，并坚持引进俄罗斯 S－400 型防空导弹系统，使美在该地区遭遇政治和军事等方面的巨大挫折。由于中东地区的安全形势事关我国发展利益，我国历来与包括伊朗、叙利亚在内的中东地区国家保持密切关系，近年来在政治、经济、外交、军事等方面合作程度逐步加深，2023 年 3 月还圆满促成沙特与伊朗达成和解协议，进一步提升了我国在该地区的影响力。由于中东地区属于俄罗斯的远周边国家地区，相对中亚国家等近周边国家而言，并非俄罗斯的核心利益关切地区，中俄两国在协调双方利益和强化相互合作方面，具有很大的交流沟通空间。为此，我们应充分利用各种沟通互动平台和机制，积极拓展交流沟通路径，妥善处理好双方在该地区可能出现的矛盾问题。2024 年 12 月，叙利亚阿萨德政权瓦解，加之久拖不决的巴以冲突，中东地缘格局正发生深刻变化，地区力量对比正在发生改变。在这种形势下，如何有序推进与中东国家之间在诸多领域的合作交流，是中俄两国面临的共同问题和挑战。

三、基于国家安全与发展层面的影响

自苏联解体以来，中俄两国的关系日益紧密，经过三十多年的潜心经营与维持，两国关系正处于历史发展最好时期，在政治、经济、外交、科技、文化和军事等领域的合作呈逐年上升的良好发展态势。空天安全领域，中俄两国在武器贸易、军事交流、联合演练、联合空中巡航等方面扎实开展务实合作，对提升我国空军战斗力和空天作战实力起到了积极的推动作用。与此同时，双方在空天资源利用、空天技术开发、空天治理等方面也存在巨大的合作空间。

（一）牵引美西方国家关注方向，利于减缓我国面临的战略压力

21 世纪初，当美国正打算将其国家战略重心向亚太地区转移，全力对中国进行战略围堵之际，全球反恐怖主义战争将

其拉入战争泥潭，中国因此赢得了宝贵的战略机遇期，国家取得了快速发展。随着中国国际地位的逐渐提升，对美国全球霸主地位带来前所未有的挑战。因此，美国在多个领域陆续对中国进行遏制打压，不仅频频出手干涉我国内政，破坏国内社会稳定，大肆宣扬"中国威胁论"，而且在国家战略层面直接将中国视为其主要战略竞争对手。2017年版美国《国家安全战略报告》中不再将反恐作为国家首要战略任务，大国竞争战略再度回归。中国作为其最主要战略竞争对手，在政治、经济、外交、科技、文化、军事等多个领域均遭到美国挑衅和打压，我国安全与发展利益遭受到重大威胁。然而，随着俄罗斯国际影响力和军事实力的不断提升，国家逐渐从美西方国家的战略夹缝中实现突围，在某些领域甚至直接挑战美西方国家的全球利益，在一定程度上取得了政治、外交和军事等领域的重大突破，在欧洲方向和中东方向始终牵制美西方国家的精力，有助于缓解我国当前所面临的巨大战略压力。

首先，在战略层面，俄罗斯在美西方重压之下做出明确反击，俄美对抗仍将持续。美国总统特朗普第一任期期间，在《国家安全战略报告》中把俄罗斯认定为"威胁到西方民主国家完整性的战略竞争对手和修正主义大国"，拜登在任时更是明确指出"俄罗斯是美国最大的敌人"，进一步把俄罗斯推向敌对方。俄乌冲突开始至今，俄罗斯与西方国家之间的关系日趋恶化，俄美关系在未来很长一段时间内恐难以得到缓和，双方之间紧张的政治、外交和军事安全关系也难以调和。从地缘战略来看，俄罗斯作为欧亚大陆"心脏地带"最为核心的陆权国家，长期以来一直是海权国家联合边缘地带国家进行战略挤压和全力打压的主要对象；从历史因素来看，俄罗斯与美西方国家的深层次矛盾，源于东欧东正教国家和西欧天主教国家之间的内在精神冲突；从现实情况来看，双方受到冷战思维的影响，长期处于军事对抗的安全困境之中，难以摆脱彼此防范与制衡的束缚。针对美西方国家及北约组织在政治外交和军事安全领域的步步紧逼，俄罗斯在 2021 年版《国家安全战略》中将"与美国构建真正伙伴关系""与欧盟巩固互利合作"等内容条款删除，明确指出"一些国家把俄罗斯视为威胁甚至敌人"，强调通过战略遏制和预防军事冲突，完善国家军事组织及武装力量使用方式和行动方法等达成国防目标。反映在国家空天安全战略层面，俄罗斯将持续推进空天安全战略目标及任务的实施，完成构建国家空天防御体系第二阶段任务，即 2020 年后逐渐建成统一的国家空天防御体系。该体系的主要防御对手就是持续加速对俄实施战略围堵压制的美国及北约。

其次，在地缘层面，俄罗斯主动实施战略突围，对美国全球利益提出重大挑战。近年来，美国及北约对俄实施战略挤压，持续推进北约东扩，不断加大对乌克兰军事扶持，俄乌矛盾不断激化直至爆发冲突；与此同时，美西方国家还加大对部分独联体国家内部社会的煽动策划分裂活动，在白俄罗斯、哈萨克斯坦等国制造混乱，企图弱化俄罗斯在其传统势力范围"后苏联空间"的影响力。俄乌冲突发生前，俄罗斯迫于国家面临的地缘战略压力，主动实施战略突围，积极介入叙利亚军事行动，将俄美较量的部分空间转移至中东地区，大胆应对美西方国家的战略压力，并取得了显著成效。通过不断加强与伊朗、伊拉克等国的友好合作关系，在实施地缘战略突围的基础上，逐步巩固其在中东地区的地缘政治存在。俄乌冲突爆发后，随着芬兰和瑞典相继加入北约，俄罗斯西部和西北部的战略空间变得更加不容乐观。未来很长一段时间内，俄罗斯的战略重心必然东移，立足国家东部地区努力开辟俄罗斯全球战略新通道。这种战略转变对我国而言有可能是一次难得的战略机遇。

再次，在军事层面，俄罗斯军事实力取得重大提升，形成对美西方国家的强大战略威慑力。俄罗斯"新面貌"军事改革实现了俄罗斯在武装力量编制体制和武器装备发展方面的质的飞跃。编制体制方面，俄罗斯空天军的成立，实现了国家防空、防天和反导力量的一体化，实现了对空天力量的统一管理和指挥，实现了对空天领域的一体化侦察监视预警。空天军成立之初便入叙参战，其作战能力得到实战检验，空天作战实力得到进一步提升。武器装备方面，俄罗斯全力推动武器装备更新换代。一方面，立足传统技术优势推动典型装备更新换代，列装苏－57、苏－35 型战机，研发列装 S－500 最新型防空反导系统，改进伊尔－76 型运输机和图－160 型、图－95 型和图－22 型战略轰炸机等；另一方面，提倡在"非对称"战略指导下发展高精尖武器装备。目前，俄罗斯已研发和列装"匕首""锆石""先锋"等型高超声速武器，极大提升了俄军远程精确打击能力，同时积极开展激光武器和动能武器的研发列装工作，并取得了长足发展。俄罗斯总统普京直言，"国家所研发的激光武器、高超声速武器和动能武器等装备在当今世界绝无仅有"，并提出了下一步发展方向，即"研发高功率激光武器和新型机器人系统"。军事斗争方面，2022 年俄乌冲突的爆发，使俄罗斯站在一线与美西方国家直接对抗，在一定程度上分散了美国对我战略注意力，暂时缓解了我正面压力，为我延长与美战略相持提供了阶段缓冲。但我国也应清醒地认识到，美国的印太军事同盟体系仍在持续强化，对我实施军事遏制的势头未减，我周边军事安全环境依然危机四伏。

(二) 推动地区空天安全体系建设，利于深化中俄双方空天安全合作关系

俄罗斯基于对"后苏联空间"的地缘战略诉求，防止美西方国家对属于俄罗斯势力范围的独联体国家实施干涉，在空

天安全体系建设方面，注重内外结合，双管齐下。一方面，积极推动实施强国战略，提升国家军事实力和综合国力，全面构建国家空天防御体系，研发列装高精尖空天作战武器装备，提升核威慑力，逐步增强"内功"；另一方面，立足实现国际战略稳定，不断加强与周边国家的军事合作，以"大欧亚伙伴关系"为依托，逐步深化与独联体国家、中国和印度等国的军事合作关系。随着中国在世界战略地位的增长，中俄两国友好关系达到历史最好阶段。因此，俄罗斯尤其关注与中国的军事合作关系，其中就包括空天安全合作领域。每年定期组织的国际军事竞赛活动就是最明显最鲜活的例证。随着中俄两国关系的进一步深化，双方在空天安全领域的合作也会进一步加深，在空天治理领域的合作路径也会更加拓宽，空天安全合作广度和深度将得到全方位拓展。

一是共同安全威胁驱动双方密切合作。安全威胁是影响国际关系的重要因素之一，共同的安全威胁促使俄罗斯与中国逐步走向合作，而且随着所面临安全威胁的逐步增加，双方之间的合作趋向更加紧密。近年来，美国在战略规划和实际行动层面都将中俄两国作为主要战略竞争对手予以应对。在 2017 年至 2018 年陆续出台《国家安全战略报告》《国防战略报告》，都明确提出把大国竞争作为国家主要战略任务，明确将中国和俄罗斯看作其主要战略竞争对手；在中俄两国周边地区增加兵力部署和武器装备，强化军事实力和主导权，对俄罗斯周边

"去俄化"国家提供军事援助，对中国频频出台对台政策，并为台湾地区提供军事援助和军事指导。我国与俄罗斯均面临日益严峻的地缘战略压力和地区安全威胁。另外，美国成立太空司令部和太空军，专门成立太空军情报机构，进一步加大对包括中国和俄罗斯在内的世界各国实施太空侦察，中俄两国面临更加严峻的空天安全威胁。可以确定，美国掌控空天优势、维护霸权地位的全球战略不会改变，围堵打压中俄、强化战略遏制的国家安全战略不会改变。因此，中俄两国在共同的国家安全威胁背景下，为了突破共同面临的"安全困境"，双方在空天安全领域的合作将会进一步走向深入。

二是共同军事合作理念引领双方合作。合作理念决定合作内容及其广度和深度。中俄两国的军事合作理念具有诸多相同点。首先，两国遵循相互平等和互不干涉内政的基本原则。相互平等、互不干涉内政是当今世界的基本国际准则，也是开展国际合作和军事交流的基本原则。中俄两国历来主张平等对话，在尊重各自主权和核心利益的前提下开展军事合作。其次，两国秉承相互尊重与互利共赢的合作理念。俄罗斯在新版《国家安全战略》中指出，推行延续性、独立、全方位、开放、可预见及实用的外交政策，旨在维护国家利益，巩固国际安全。我国认为，当前全球发展不平衡加剧，霸权主义愈演愈烈，为了营造和平安全的国际环境，必须构建相互尊重和互利共赢的国际关系，努力营造良好的外部发展环境。再次，双方都强调发挥联合国和国际法的重要作用。俄罗斯主张无条件遵守国际法准则，强化联合国及其安理会在解决全球问题和地区问题中的中心调节作用，以确保国际关系体系的稳定。中国一直致力于维护联合国在多边事务中的核心地位和作用，坚决主张运用国际法维护国家主权、安全和发展利益，积极推动国际关系民主化和法制化进程。最后，双方空天安全体系建设都是以战略防御为主。具体到空天安全方面，中俄两国也有着共同的安全认知与发展思路。俄罗斯主张积极发展空天防御，全面推进国家空天防御体系建设，以有效应对日益严峻的空天安全威胁；与此同时，积极发展"非对称"军事力量，以期对美达成"非对称"战略优势，确保国家空天威慑实力。中国近年来也高度重视空天安全威胁，积极推动空天防御力量快速向前发展，在诸多领域取得实质性进展和突破，国家空天实力有所增强。

三是共同利益诉求助力双方密切合作。军事合作是指两个及以上国家或集团为了谋求共同的战略利益，在军事领域相互协调进行的联合行动和相互交往。当今世界正处于动荡变革时期，世界政治经济发展中心的数量不断增加，世界体系结构正在发生变化。随着主要国家对空天资源的争夺日趋激烈，空天竞争也正呈白热化趋势发展，在此严峻背景下，由于中俄两国具备相互合作条件和基础，双方合作也必将更加紧密。一方面，中俄两国具备谋求共同战略利益的强烈意愿。中国与俄罗斯面临同样的空天竞争态势，对空天安全形势的发展都有着共同的利益诉求。两国都高度关注美国在空天安全领域的发展动态，都致力于维护世界空天安全环境的总体稳定与和平开发利用，都致力于塑造稳定有序的地区安全与发展环境。另一方面，中俄两国具备深化空天安全合作的实践基础。近年来，中俄两国在空天安全合作领域进行了大量实践工作，主要聚焦武器装备贸易和联合军事训练，以提升两军空天作战实力为目的，取得了很好的成效。随着中俄两国全面战略协作伙伴关系的逐步深化，基于两国在空天安全合作领域积累的丰富经验，以及世界空天安全总体发展态势的变化，可以预见，双方的空天安全合作范围定会持续拓展，合作平台会逐渐增多，合作深度会逐步加大，合作方式方法会实现创新，合作机制也会逐步完善。2023 年，双方强调要进一步完善两军交往机制，拓展战区、军种和院校间的合作，积极开展军事部门合作，交换有用信息，加强军事技术合作，举行联演联训。2024 年，俄罗斯国防部长别洛乌索夫（А. Р. Ъелоусов）访华期间指出，俄中军事合作是维护全球和地区和平稳定的重要因素，双方将致力于提升合作水平和质效，共同应对安全挑战。中俄双方之间日益密切的军事合作有助于维护世界和地区安全稳定，促进中俄关系高质量发展。

（三）提供国家空天防御体系建设路径借鉴，利于拓宽我国空天建设思路

国家空天防御体系建设是一项系统工程，牵涉到国家政治、经济、军事等多个层面，需要进行科学论证，有机协调诸项工作，协同推进体系建设。俄罗斯国家空天防御体系建设过程充满挫折困难，从建设构想提出到数次反复论证，从理顺建设思路到紧抓工作落实，在坎坷摸索中终于取得了实质性的丰硕成果，其中有成功有失败，有经验有教训，但总体而言，俄罗斯国家空天防御体系建设取得了令人满意的阶段性成果，圆满实现了第一阶段建设目标，即 2020 年前建成梯次防空反导系统。认真分析研究俄罗斯国家空天防御体系建设路径，可以为我国提供有益参考借鉴，有利于拓宽我国空天建设思路，进一步推进我国空天防御体系建设向前向好发展。

一是借鉴俄罗斯"空天一体"建设发展思路，致力于实现防空防天反导一体化。通过深入分析和总结近几场局部战争的经验教训，俄罗斯认为，现代军事行动要求将防空和防天在作战空间和作战力量等方面实现高度融合。随着高新技术在军事领域的广泛应用，这种融合广度和深度将取得进一步拓展，空天一体作战已成为未来战争发展的必然趋势。因此，俄罗斯在国家空天防御体系建设的谋划阶段，就将空天

作为一体化空间来进行设计，并进行多次编制体制调整改革尝试，最终组建空天军，实现了航空与航天的力量融合，以及防空与防天、反导的任务融合，并由空天军司令部完成了对空天力量的统一指挥，实现了责任与权力的统一，有力推进了国家空天防御体系建设步伐。我们可以借鉴俄罗斯的空天一体化建设思路，在现有编制体制基础上，从我国的国情和军情特点出发，按照一体化建设思路，积极探索更加深入融合空天力量的方式方法，全力推动国家防空、防天、反导一体化建设，努力实现和维护国家空天安全。

二是借鉴俄罗斯"欧亚一体"地缘战略考量，致力于推进区域防空反导能力建设。鉴于对国家地缘战略空间的历史发展与现实判断，俄罗斯立足国家安全与发展利益，将独联体国家视为关乎本国核心利益的地区。然而，美西方国家近年来为了对俄罗斯持续实施战略围堵，不断压缩其地缘战略空间，北约东扩、增加周边兵力和装备部署，插手乌克兰事件、在中亚国家和白俄罗斯制造"颜色革命"，不断搅动俄罗斯"近邻"国家的国内政治局势，精心塑造各种安全威胁态势。因此，俄罗斯在构建国家空天防御体系建设的基础上，以普京总统提出的"大欧亚伙伴关系"战略为指导，大力推进欧亚一体空天防御体系建设。目前，俄罗斯正在东欧、高加索和中亚地区三个战略方向努力推进建设区域联合防空系统，未来战略目标是在此基础上逐步构建一体化的欧亚空天防御体系。我国目前在西部、东部、东北部同样面临美国及其盟国的战略围堵压力，空天安全威胁持续增加。我们可以借鉴俄罗斯的经验做法，在关键战略方向谋划战略突围策略，同时强化区域防空反导能力建设，加大与友好国家在关键地区的空天合作力度，拓宽合作路径，积极构建区域联合防空系统，以便更为有效地应对空天安全威胁。

三是借鉴俄罗斯"攻防一体"建设发展模式，致力于全面建设攻防兼备的空天防御体系。"攻防兼备"是国家空天安全力量建设和运用的基本要求。为了抢占空天战场制高点，形成对美西方国家的空天优势，俄罗斯近年来主要通过实施"非对称"战略，积极推行"间接路线"，大力发展空天进攻兵器。在战略导弹方面，2022 年 4 月，"萨尔玛特"洲际弹道导弹试射成功，该型导弹可对敌关键目标实施先发制人打击。在战略轰炸机研发改进方面，对"图"系列轰炸机的性能改进，大大提升了俄军远程远海空天侦察和空天突击能力[1]。在高超声速飞行器方面，俄罗斯加紧推进作战平台建设和挂载武器研发列装工作，在苏 – 57、米格 – 31K 和苏 – 35S 型战

---

[1] 升级后的图 –160M2 型轰炸机配备全新计算机系统、惯性导航系统和武器操纵系统等，既可以完成对敌目标轰炸任务，还可以挂载远程巡航导弹对敌实施突击。

机上装备高超声速导弹①，有效提升了俄军远程远海空天精确打击能力。在攻击型无人机研发方面，高度重视具备"察打一体化"作战性能的"猎人"和"猎户座"攻击型无人机的研发、试验和列装工作，并取得了实质性进展②。上述明显带有攻击型特征的武器装备作为俄罗斯国家空天防御体系的重要组成部分，充分体现了俄罗斯"攻防一体"的空天安全战略发展模式。随着我国空天安全形势的日益严峻，空天作战需求的不断提升，我们应借鉴俄罗斯的"非对称"发展思路，加速推进战略进攻性兵器的研发列装工作，推动部队空天作战能力从国土防空向攻防兼备跨越，提升部队的远程远海空天作战实力，全面推进空军实现战略转型。

四是借鉴俄罗斯"常核一体"手段运用策略，致力于全面提升国家空天威慑力。俄罗斯一贯重视对核力量的威慑运用，认为战略核力量是遏制战争的首要手段，是确保国家空天安全的支柱。如，"萨尔玛特"导弹的列装，将推动俄罗斯战略核力量实现质的飞跃，必定成为俄罗斯非常重要的战略遏制兵器，不仅可以有效突破美西方国家的现有导弹防御

---

① 苏－57挂载"匕首"高超声速导弹在叙利亚军事行动中完成实战检验飞行训练；米格－31K型战机挂载"匕首"高超声速导弹自2017年12月起陆续进入战斗值班；苏－35S型战机于2020年10月首次展示R－37M型高超声速空空导弹发射作业；"先锋"高超声速导弹团于2019年开始列装；"锆石"高超声速导弹按计划完成多次试射。

② "猎人"攻击型无人机2019年8月3日完成首飞，"猎户座"无人机2020年4月通过国防部验收。

系统，还具备对其实施核反击的能力，具有非常重要的军事政治意义。与此同时，俄罗斯也认识到常规武器在现代局部战争中的关键作用，认为应在持续强化核力量的同时，加大对先进高精确武器的研发运用，确保军队拥有强大的常规遏制能力。虽然我国承诺不首先使用核武器，但可以借鉴俄罗斯的核力量运用策略，继续加大国家战略核力量的研发投入力度，列装可以确保对敌实施战略核反击的关键战略核武器，真正有效地遏制战争。同时加大对高精确制导武器等常规武器的研发列装工作，确保在局部战争中既可以保持常规遏制优势，也可以对敌目标实施高精确打击。

五是借鉴俄罗斯"军民一体"全面保障机制，致力于实现军地联合发展。军地联合是推进俄罗斯提升空天竞争实力的有效手段和保障机制，确保了俄罗斯在经济发展迟缓受挫的条件下，仍可以保质保量完成国家空天防御体系建设的阶段目标任务。尤其是在高新技术开发、尖端武器装备研发、专业科技人才培养等方面，军地协作发挥了特别重要的作用。习近平总书记在党的十九大提出军民融合发展战略，强调要深化国防科技工业改革，促进军民融合深度发展。在该战略指导下，军地一体化战略能力取得了很大提升，尤其是在此次抗击新冠疫情方面，军地联合程度与国家动员能力都经受住了实践检验。然而，在某些核心科技攻关领域和专业科技人才培养方面的军地联合力度仍有待深入，尽管国家决策层已经做出诸多努力，但是囿于各种制度壁垒，军地之间在核心科技攻关领域的合作运行机制仍不够顺畅；专业科技人才培养领域的军地互动机制仍有待进一步完善。

（四）加速空天竞争谋取制空天权，对我国空天安全环境造成潜在威胁

俄罗斯空天安全战略的主要目标是构建国家空天防御体系，其战略模式从以战略防御为主逐步发展为攻防一体，战略进攻性特点日渐突出，俄罗斯的空天优势越来越明显，在夺取制空天权的道路上越走越远。2021 年 11 月 15 日，俄罗斯成功实施反卫星试验，21 日，俄罗斯航天集团公司总经理德米特里·罗戈津（д. О. Рогозин）宣称，俄方研发反卫星武器已有很长一段时间了，同时指出，俄罗斯的军事太空计划不会落后于任何国家。作为我国最大邻国和世界军事强国，俄罗斯极其快速的空天实力增长态势，从长远发展来看，不仅会对我国空天环境造成潜在安全威胁，而且由于空天安全关乎我国政治、经济、科技、文化和军事等诸多领域的安全与发展利益，空天安全威胁还会映射关联至整个国家安全领域，我们应予以高度关注并及时做出合理应对策略。

首先，俄罗斯与中国在空天安全领域既有合作也存在竞争。在国际军事安全系统中，如果只有合作而没有竞争，那么

这样的合作只会逐渐衰落，国际军事安全也无法进步。近年来，中俄双方在政治、经济、文化、科技、军事等领域的合作力度和深度逐步加大，在空天安全领域的合作也逐步深化，中俄两国关系正处于历史发展最好时期。一方面，我们应紧紧抓住这一有利形势，全面深化相互合作，积极探索并拓展空天安全合作领域，切实推动双方合作领域进一步扩大，合作内容进一步加深，合作成效进一步落实。另一方面，我们也应认识到竞争与合作并存，在事关各自核心利益的发展领域必然存在竞争甚至矛盾，我们应立足我国安全与发展利益，清醒地认识到双方的矛盾问题所在，全面梳理双方在空天安全领域的竞争焦点，在关乎我国安全与发展的关键领域，坚决维护国家利益，绝不以牺牲国家利益来换取彼此合作。

其次，俄罗斯空天军事实力的增强对我必然造成战略压力。实力是国家安全的基石，空天军事实力是国家空天安全的基石。为确保国家空天安全，俄罗斯长期致力于提升自身空天军事实力。随着空天军事实力的不断增强，其在空天安全领域的竞争优势也逐渐凸显，相信在不远的将来，俄罗斯将逐渐塑造出于己有利的空天安全环境，从而在国家战略层面赢得主动。虽然我国与俄罗斯近年来逐步深化空天安全合作，但双方之间的空天实力竞争也相伴而行。如果任何一方空天军事实力持续增强，双方空天力量对比差距便随之加大，空天实力竞争程度也会随之加深。中俄全面战略协作伙伴关系为双方友好发展奠定了基础，提供了发展机遇，中俄关系作为世界国际关系的代表，已成为国际合作的典范。诚然，合作与竞争并存，我们必须认识到中俄之间同样存在空天实力竞争因素；机遇与危险并存，我们在准确把握发展机遇的同时，也要认识到潜在危机，不断强化自身危机意识，提前预测发展趋势，确保在空天安全发展领域的战略主动地位。

最后，俄罗斯的欧亚空天防御构想对我国战略发展造成一定程度上的掣肘。俄罗斯的欧亚空天防御战略思想以构建欧亚安全体系为总体目标，以建立一体化欧亚空天防御体系为根本抓手，以加强欧亚各国军事合作为主要手段，从而全面提升欧亚大陆中心地带的整体空天防御能力，确保俄罗斯的国家安全和欧亚地区的战略稳定。欧亚空天防御构想是俄罗斯"大欧亚"战略在空天安全领域的主要体现，其根本目的是使俄罗斯成为保障欧亚大陆安全的主导国家，从而确保在欧亚地区的军政一体化进程中发挥核心作用，进而确保地区和平与战略稳定。俄罗斯在集体安全条约组织框架下积极推进双边和多边区域联合防空体系建设就是例证。中国提出"一带一路"倡议，强化与"丝绸之路经济带"沿线国家的经济合作，促进共同发展；同时在上海合作组织框架下，强化与包括中亚国家在内的地区国家之间的安全合作，以达成在该地区建立安全稳定环境的战略目标。从近期发展来看，中俄两国在该地区具有共同的利益诉求，都希望维护该地区的和平与稳定；从长远发展来看，双方合作仍存在巨大潜能，合作领域也会进一步拓宽，但同时也要认识到，在该地区同时存在的上海合作组织与集体安全条约组织的相互协作机制是双方面临的较大难题。这些问题若不能得到妥善处理和解决，我国安全与发展利益必然受到损害，国家的地区安全相关政策落实必然遭受较大阻力。

综上所述，俄罗斯近年来在空天安全领域取得了飞速发展，对世界空天安全形势、周边地区安全和我国安全与发展必然产生极其重大的影响。俄罗斯空天安全战略决策的制定与实施，从国际安全体系层面而言，一方面，将持续激化空天利益冲突，加剧全球空天军备竞赛白热化；另一方面，也将制衡美欧空天发展态势，利于推动相对的全球战略稳定。与此同时，也必然推动空天安全秩序之争，挑战美西方主导的国际安全体系。从地区安全与合作层面来看，美西方国家对俄罗斯的战略围堵，势必助推俄罗斯与我加强合作；俄罗斯对"欧亚一体防御"的重视，势必关注我空天战略对其影响；俄罗斯对"周边国家"的重视，势必警惕我与地区国家间的合作。从国家安全与发展层面而言，俄罗斯的空天安全战略必将持续牵引美西方国家关注方向，有利于减缓我国面临的战略压力；必将推动地区空天安全体系建设，有利于深化中俄双方空天安全合作关系；与此同时，也会为我提供国家空天防御体系建设路径借鉴，有利于拓宽我国空天建设思路；但我们也应深刻认识到，俄罗斯在空天安全领域的快速发展，必将加速空天竞争谋取制空天权，对我国空天安全环境也会造成潜在威胁。

第七章 我国空天安全战略发展建议

通过分析俄罗斯空天安全战略的基本内容、主要特点、实践经验和教训，及其对我国安全与发展的影响，我们应充分借鉴俄罗斯空天安全战略理论和实践的有益经验，并深刻吸取教训进行深入反思，立足我国国家利益和安全发展实际，围绕空天安全意识、空天安全治理、空天安全合作、空天作战实力、空天战备能力、空天作战保障等六个关键着眼点全面谋划布局（图7-1），牢牢把握空天竞争态势，积极参与空天治理与合

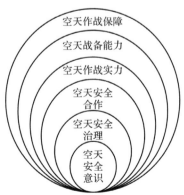

图7-1 确保国家空天安全的六个关键着眼点

作，扎实做好空天作战准备，坚决维护国家空天安全，维护国家安全与发展利益，确保打赢未来空天战争。

一、强化空天安全意识，积极做好战略谋划，妥善应对空天安全威胁

空天安全是国家安全的重要内容，也是国家安全体系的重要组成部分，关乎国家主权和领土完整，关乎国家生存与发展，是空天时代对国家安全提出的重大战略课题。当前，空天竞争日趋激烈，空天安全威胁程度不断上升，国家安全与发展利益面临重大挑战。我们一方面应充分认清空天安全威胁及其潜在发展趋势，提高空天安全意识，准确研判空天安全形势；另一方面，应积极采取应对措施，主动出击，力争化挑战为机遇，做好空天安全战略谋划，完善空天安全政策措施，扎实推进政策落地，切实提升国家空天实力。

（一）立足客观现实强化空天安全意识

空天安全意识是指人的头脑对于空天安全环境与现实的反映，是对国家所面临空天安全威胁的客观认识和正确判断。新时期新形势条件下，我国要建设强大国防，必须强化空天领域的战略地位，强化空天安全意识，强化空天竞争实力。习

近平总书记明确要求，要"强化空天安全意识，加快提升空天战略能力，坚决维护好国家空天利益"。

首先，空天安全关系国家生存与发展。"落后就要挨打"，这是亘古不变的真理，也是中华民族近代发展史给予我们最惨痛的教训。我们从"站起来"到"富起来"再到"强起来"的发展历程证明，国家的生存与发展必须要有强大的安全保障。随着世界空天竞争的日趋激烈，对空天安全制高点的抢占争夺甚嚣尘上。当前，空天安全关系到国家主权和领土完整，关系到国家的持续稳定发展。可以说，谁拥有了制空天权，就拥有了空天竞争和空天作战的战略主动权，就拥有了在国际社会的强大话语权。随着我国综合国力及国际影响力的逐步提升，国家安全与发展利益的外延和内涵不断拓宽，对国家安全保障能力也提出了更高要求。我们必须建立与国家利益需求相适应的安全保障，高度重视国家空天安全，主动塑造和维护世界空天安全环境。

其次，空天安全环境恶化趋势明显。随着世界各国争相抢占空天资源，大力推进太空军事化步伐，当前的空天安全发展态势并不乐观，空天安全环境恶化趋势愈加明显。世界主要国家的空天安全战略思维正在由"利用空间"向"控制空间"转变，美国更是利用其霸权政策及其自身相关科技优势，把"控制空间"确定为国家空天力量建设战略目标，并大力发展战略进攻性武器，企图牢牢掌握制空天权。在其带领下，世界主要大国对"控制空天"趋之若鹜，激烈展开空天利益争夺，空天竞争程度日趋白热化。如果不加以有效遏制，如今的空天军事实力竞争在未来极有可能发展成为激烈的空天军事对抗，届时将会给全人类带来灾难。

最后，维护空天安全需要主动作为。空天安全关乎一个国家的生存与发展，同样也关乎世界的和平与稳定。空天作为全球公域，其中有可供整个人类生存与发展所需的宝贵资源，这些资源为地球人类所共有，应独立于国家主权，为世界各国共同服务。然而，一些大国企图独占和支配空天公域，并借此实现对其他国家的霸权地位，这种做法不利于世界和平与稳定，不利于世界各国的共同发展和进步。我国作为世界上负责任的大国之一，应持续发扬大国担当，主动作为，积极塑造符合我国安全与发展利益，利于世界和平与稳定的空天安全环境。一方面，立足国家利益，努力做好空天安全领域的战略谋划，积极推动国家空天安全体系建设，确保国家免遭潜在对手空天袭击兵器的打击威胁；另一方面，积极与拥有共同空天利益诉求的世界各国展开全方位合作，共同反对和抵制空天公域霸权行为，提出合理可行的空天资源共享方案，及时消除空天公域被个别国家控制和支配的风险，维护世界安全稳定。

（二）立足国家利益需求做好战略布局

在战略谋划中，从国家利益的客观需求出发，就是最大的实事求是。我们应在正确判断国家利益客观需求的基础上，全面系统且客观地谋划空天安全战略布局，坚定维护国家安全与发展利益，提升空天竞争能力。空天安全领域的战略布局是对战略力量、战略物资和战略设施进行全局性配置的活动，其根本目的是塑造于我有利的空天安全环境，牢牢把握战略主动。

首先，制定和完善国家空天安全战略。空天安全战略是国家对空天领域安全事务的总体筹划和指导，旨在实现和维护国家空天领域的安全。空天安全战略的构成要素主要包括空天安全战略目标、战略方针和战略手段。我们应以习近平中国特色社会主义思想为指导，结合实现中华民族复兴、建成世界一流军队的国家战略目标，确立空天安全战略目标与任务；立足国家安全与发展全局，明确实现战略目标的基本途径、工作重点、战略方向及战略部署；从国情实际出发，通过军队编制体制调整完善、武器装备更新换代、空天作战演习演练等实际举措，全面提升空天竞争实力，充分做好空天军事对抗准备，同时秉承互利共赢的理念积极推动国际空天合作走深走实。总之，国家空天安全战略应作为国家空天安全工作的战略性指导文件，总体把握发展方向，明确建设任务、建设重点、建设原则和方法手段等内容，是国家空天安全建设与发展的总体路线图。

其次，超前实施空天军事行动谋划。空天战略布局必须坚持"攻防兼备""慑战并举"的原则，必须做好实施空天作战的充分准备。我国坚持走和平发展道路，坚决维护世界和平与发展，坚决维护世界空天安全，但也要全面做好随时投入空天作战的准备，同时具备打赢空天战争的实力。未来战争从空天开始，空天战场将是未来战争的第一战场，空天战场的结果直接决定整个战争的过程与结果。要确保赢得未来战争，首先要确保牢牢把握制空天权。因此，我们应积极参与空天领域的合理开发，充分利用空天资源，推进空天力量建设，培育核心作战能力，谋划空天战场布局；按照"体系作战"要求，充分发挥空天优势，不断完善一体化侦察预警系统、指挥控制系统和全面保障系统，提升陆、海、空、天、电、网一体化联合作战能力和效果；要以解决关键问题为抓手，扭转劣势，发挥优势，不断提升空天威慑实力和空天作战实力，既要练就"不战而屈人之兵"之实力，也要锻造实战"所向披靡"之能力。

最后，积极推动空天安全合作交流。根据习近平总书记提出的"全球安全倡议"，分析和思考现代安全问题，不能仅仅局限于国家行为体层面，而应站在全人类共同安全和全球普遍安全的高度，坚持本国安全与他国安全、国家安全与全人类共同安全的统一。如今虽然全球战乱此起彼伏，但和平与发展仍然是当今世界的主题，合作仍是世界各国求发展的主要手段之一。空天是世界的，是整个人类的活动公域，良好的空天环境需要全人类的相互合作与共同维护。当今世界的空天安全环境不容乐观，主要国家之间的空天竞争日趋激烈。然而，在日益激烈的空天竞争背后，仍有很大的空天合作空间可以拓展，各个国家在空天资源利用领域具有共同的利益诉求。正如古希腊历史学家修昔底德所言，无论国家之间还是个人之间，利益的一致是最可靠的结合。我们应一方面深化与友好国家的空天合作力度，共同应对空天安全威胁，共同营造和谐有序的空天安全秩序；另一方面，主动与潜在竞争对手开展建设性对话，建立切实有效的沟通协调机制，全力阻止空天无序竞争的发展态势，有效防止空天安全环境持续恶化，以为全人类负责任的态度，积极塑造适合人类生存与持续发展的空天安全环境。

二、积极参与空天治理，提出"中国方案"，主动争取空天治理话语权

当前世界格局正发生深刻变化，世界力量中心逐渐增多，各种力量之间的博弈程度也更加激烈，迫切需要进行全球治理。空天领域作为人类活动公域，事关全人类的生存与发展，需要世界人民共同开发和共同治理。然而，现实却是，空天竞争激烈但空天治理缺失。面对如此严峻的现实，我们应将危机转化为机遇，紧紧抓住有利契机，积极参与并推动空天治理，贡献"中国智慧""中国方案"和"中国力量"，持续提升我国在国际舞台上的影响力，主动争取空天治理话语权。

（一）客观分析评判空天治理困境

习近平总书记指出，当今世界仍不太平，国际热点此起彼伏，加强全球安全治理刻不容缓。当今世界大国围绕空天公域的资源争夺和军备竞赛越演越烈，空天安全威胁等级持续上升。然而，由于空天治理是一项系统工程，面临诸多困境，其中包括空天治理主体矛盾、空天治理供给不足、空天治理发展缺位、空天治理公正欠缺等问题。具体表现为以下几个方面：

首先，意识形态对抗促使大国空天竞争加剧。随着美国《国家安全战略报告》和《国防战略报告》的出台，大国竞争重新成为美国国家战略重心，大国之间的意识形态对抗特性再次凸显，并在空天竞争领域表现尤为突出。美国将中国定义为其最重要的战略竞争对手，不断强化基于共同利益和共同价值观的同盟体系，在政治、经济、科技、军事等诸多领域对我实施围堵、遏制、打压。在空天安全领域，美军为确保空天优势地位，进一步强化太空霸权，认为"攻击美国的太空系统就意味着攻击美国本土"，北约也提出相同观点，认为"袭击北约成员国卫星行为被视为攻击北约"。上述做法进一步加剧了大国空天竞争，并极有可能导致空天军事对抗。

其次，互信机制缺失加速军备竞赛升温。空天治理的主体多元，核心主体是主权国家。主权国家之间的战略互信是空天治理的重要保障。然而，由于这些主权国家之间存在诸多矛盾问题，尤其是一些大国之间存在结构性矛盾和根本分歧，难以达成相关共识，很难推动全球空天治理向前发展。其中根本原因在于，国家间互信机制的缺失。英国著名政治家帕麦斯顿曾经说过，没有永远的朋友和永远的敌人，只有永久的利益。这说明，只要国家之间存在利益冲突，就可能导致相互猜疑甚至敌对。由于缺乏互信机制，缺乏沟通交流，缺少真诚合作的态度和实际行动，以竞争代替合作，以"拳头"闯世界，最终只会陷入恶性循环，掉进军备竞赛的漩涡。空天治理离不开治理机制的完善，应通过不断完善全球性、地区性和大国间的空天治理机制，加强双边和多边沟通，减少分歧矛盾，消除彼此猜忌，增进相互信任，力求互利共赢。

最后，国际法规缺失导致资源利用无序。"无规矩不成方圆"，做任何事情都要遵守规矩和行为制度。个人应如此，国家亦应如此。作为国际社会的一员，主权国家应严格遵守共同制定的国际法规并自愿接受其约束，从而确保国际社会运行有序。在空天竞争日趋激烈、空天环境日益恶化的严峻形势下，由于相应的国际法规缺失，相关制度机制弱化，导致对空天资源的管理难度加大，空天资源抢夺战此起彼伏，无序竞争强度上升。为了确保空天安全环境的和平稳定和互利共享，应"坚决反对外空武器化和军备竞赛，支持谈判缔结外空军控国际法律文书"，坚决维护以联合国为核心的全球治理体系，依法依规阻止太空军事化步伐；积极联合一切可以联合的国际力量，及时制定和完善相关法律法规，强化约束机制，逐步建立科学合理的国际空天法规体系。

（二）贡献"中国智慧"参与全球治理

中国是世界和平与发展的积极缔造者、维护者、推动者，是一个有实力、负责任、能担当的世界大国，长期以来一直致力于维护世界的总体和平与稳定，积极参与全球治理，主动发挥建设性作用，努力为营造和平有序的总体国际安全环境出谋划策。

首先，坚持和谐共存的和平发展理念。当今世界，各国人民唇齿相依、荣辱与共。中国适时把握世界发展大势，积极营造相互尊重、合作共赢的世界新秩序。2012 年 11 月，党的十八大报告中首次提出"人类命运共同体"理念；2015 年 9 月，联合国成立七十周年大会上，习近平总书记阐述了人类命运共同体"五位一体"的内涵，其中包括建立"公道正义、共建共享的安全格局"。这也进一步阐明了中国所秉承的"国家安全与世界和平相统一"的总体国家安全观。中国在重视自身安全的同时，积极推动世界各国的共同安全，积极参与全球安全治理。在空天安全问题上，中国全力维护国家空天安全，确保国家免遭各种空天安全威胁和空天打击，同时，秉持"共同、综合、合作、可持续"的安全观，通过积极务实的合作，谋求和增进国家间在空天安全等领域的战略互信，使相关各方以维护共同安全为目标相向而行，携手共建和平稳定的空天安全环境。只有世界各国彼此尊重信任和相互理解包容，才能找到更多的利益相通之处，有效化解各种分歧，塑造人类共同价值，维护世界整体稳定，促进共同发展。近年来，"构建人类命运共同体"已写入联合国决议，说明该理念已被世界各国人民所认可和接受，彰显出其深入人心的时代价值，以及世界各国人民对和平美好生活的共同追求。2023 年 2 月，我国正式发布《全球安全倡议概念文件》，倡导以团结精神适应深刻调整的国际格局，以共赢思维应对复杂交织的安全挑战，为应对国际安全挑战提出了"中国方案"，彰显了新时代中国的使命担当。

其次，全力提升参与国际空天治理的实力。习近平总书记指出，"世界那么大，问题那么多，国际社会期待听到中国声音、看到中国方案，中国不能缺席"。这说明，中国已经成为世界有影响力的大国，应该为世界和平与发展有所作为，这是一种实力的体现。有实力才有话语权，有实力才有可能有能力参与到全球治理当中。近年来，在实现中华民族伟大复兴"中国梦"的引领下，我国在政治、经济和外交等领域取得了长足发展，但在空天安全领域的实力与美俄仍存在一定差距。鉴于此，一方面应大力推进国家空天防御体系建设，提升应对空天安全威胁的能力，发展空天作战理念和空天作战武器装备，提升国家在空天安全领域的话语权；另一方面，要积极营造和平开发利用空天领域的稳定国际环境，继续发挥独特的建设性作用，充分体现大国责任和担当，创造性介入国际空天安全治理，全力维护国家在空天安全领域的正当合法利益，有效协调各方空天安全领域的冲突矛盾，确保空天领域的和平与稳定。

最后，积极构建科学合理的大国协调机制。中国应坚持积极参与全球安全规则制定，加强国际安全合作。纵观世界发展历史，主要大国为了追求自身安全，通过不断强化国家实力谋求霸权，然而，优胜劣汰的自然丛林法则并没有从根本上解决国家面临的安全问题。当今世界，为确保国家空天安全，主要大国专注研发先进武器装备，太空军事化现象日益严重，国防开支逐年增长，世界军备竞赛日趋激烈。但在科学技术高速发展的今天，要保障国家个体的绝对安全是不可能的，以相互对抗求安全的传统手段无助于解决这一问题，而需要通过相互沟通协调，有针对性地解决相关问题。为此，中国作为负责任、有担当的大国，一贯倡导共商、共建、共享的全球治理理念，提倡世界各国人民一起商量处理全球治理的事务，一起建设更加完善的全球治理体系，一起分享全球治理的丰硕成果。在空天安全领域，一是积极加强与世界大国之间的相互沟通协作。大国是关系到空天安全问题的主体，关系到空天安全保障问题，应从有效协调大国之间的共同利益着手，发展与其他大国之间的双边或多边协调机制，努力构建不冲突、不对抗、合作共赢的新型大国关系，从而化解空天安全领域的各种潜在矛盾冲突，有效管控化解危机。二是积极完善各种国际安全机制。当前造成在空天安全领域的无序竞争，其主要原因之一就是没有共同的制度约束，中国应在和平发展、和谐共存的理念引领下，以建立"人类命运共同体"为指导，积极推动空天安全机制的制度化建设，为空天安全领域的治理问题提供有法可依的制度保障。

三、加强与俄罗斯合作，健全沟通协调机制，携手推动全球战略稳定

自 2019 年中俄两国建立"新时代全面战略协作伙伴关系"以来，双方持续深化在政治、经济、军事等领域的广泛合作。俄罗斯总统普京指出，两国在众多领域有着共同利益，双方各层面的关系也在稳步发展，两国关系是 21 世纪国家间合作的典范。习近平总书记也高度评价双边关系，指出"中俄新时代全面战略协作伙伴关系更加成熟坚韧，两国合作的内生动力和特殊价值进一步显现"。在空天安全领域，两国也广泛开展务实合作，"航空飞镖""天空之钥""空天安全"和联合空中巡航等联合训练都是例证。面对日益严峻的太空军事

化安全威胁，中俄两国应共同携手，不断深化和拓展空天安全合作领域，深化双边合作关系，并在维护地区和全球安全、稳定与发展方面紧密合作；应不断完善双方沟通机制，积极查找问题、分析问题和解决问题，主动化解双方矛盾冲突，共同维护欧亚大陆乃至全球的战略稳定。

（一）深化中俄合作共同维护空天安全与世界稳定

俄罗斯总统普京曾经说过，中俄一旦联合，全世界就可以安然入睡。这说明，中俄双方有非常广阔的合作空间，中俄合作有利于地区稳定与发展，对世界和平与发展具有重要的促进作用。正如习近平总书记所指出，"一个高水平、强有力的中俄关系，不仅符合中俄双方利益，也是维护国际战略平衡与世界和平稳定的重要保障"。

首先，继续深化中俄双边合作。中俄合作于国家有利，于世界有利。中俄之间的紧密合作符合双方国家安全与发展利益，两国"在国家发展蓝图上有很多契合之处"，在空天安全发展构想方面同样有诸多契合之处。两国都面对共同的主要战略竞争对手，以及严峻的空天安全威胁和战略围堵；两国周边地区都存在诸多不安定因素，需要共同维护；两国都是世界大国，担负着维护世界和平与发展的重大责任与使命。因此，随着中俄两国在政治、经济、文化关系层面的持续深化，应进一步深化双方军事安全合作，尤其是在空天安全领域的深入合作，不断创新合作内容与方法手段，切实解决两国共同面临的空天安全威胁。

其次，共同维护地区安全与稳定。地区安全与稳定，尤其是国家周边地区的安全稳定，直接关系到一个国家的安全与发展利益。随着"一带一路"倡议的持续推进，我国的国家安全与发展利益范围逐渐拓展，我们应根据国家利益需求，切实提升国家在维护地区安全方面的能力和实力。俄罗斯"大欧亚"战略发展理念也将国家安全与发展利益边界逐步向外延伸，对欧亚大陆中心地区及南部地区（即俄罗斯所理解的欧亚大陆）的关注程度随之加大。与此同时，中俄两国在中东、非洲、拉美等世界其他地区也存在共同的发展利益诉求。因此，双方应加强在上述地区的紧密合作关系，积极出谋划策，全面沟通协调，特别是在两国周边地区重点关注军事安全领域的合作，更好地发挥"上海合作组织"等地区合作平台，充分接纳地区其他国家参与合作，共同维护地区安全与稳定。

最后，携手推动世界和平与发展。世界需要中国，需要俄罗斯，也需要中国与俄罗斯的团结协作。太空军备竞赛愈演愈烈，如若放任自流，后果不堪设想。面对美国的空天霸权思维，以及逐步走实的空天军事对抗实践，中国与俄罗斯具备国际利益共同点，不仅应在空天安全领域加强双边合作，还应在空天治理领域深化合作，共同发挥世界大国的使命担当，携手推进关于空天资源利用的法规制定与完善，创新空天安全协调沟通机制，强化国际法的制度约束机制，为构建和平稳定的世界空天安全环境，确保全球战略稳定共同努力。2023 年 3 月，中俄双方确认将"共同落实全球安全倡议，就重大国际和地区问题及时交换意见，协调立场，为维护世界和平和安全贡献力量"。我们相信，在中俄双方的友好互动和积极引领下，不仅可以防止以联合国为核心的国际体系、以国际法为基础的国际秩序、以联合国宪章宗旨和原则为基础的国际关系基本准则陷入"破坏性重构"进程，还可以在完善全球治理体系方面充分发挥"建设性协同"作用，充当好世界动荡变局中的"稳压器"。

（二）健全合作机制合理有效解决双方矛盾问题

随着中俄双方合作领域、合作内容、合作空间的逐步拓宽，可能会在某些方面出现利益矛盾。我们应不断发现问题、分析问题和解决问题，持续健全优化双方合作机制，创新合作路径，确保双方合作稳定、持久、高效。

首先，应主动发现问题。发现问题是前提，持续深化和发展中俄关系，应从发现问题入手。近年来，中俄两国的合作关系逐渐走向深入，新版俄罗斯《国家安全战略》再次强调要大力发展与中国的关系。然而，我们也应深刻认识到，中俄日益紧密的双边关系主要体现在政治、经济和文化领域，在科技和军事领域的合作仍有待深入，尤其是在核心技术领域和关键军事领域的合作甚至停滞不前，某些领域也存在合作程度不深入的情况。与此同时，中俄地缘竞争在一定程度上也会影响到两国关系的深入发展。一方面，中国与俄罗斯在周边地区安全与发展领域存在多个利益交叉区域，存在潜在的利益矛盾；另一方面，随着俄乌冲突的不断持续，以及美西方国家对俄罗斯的全方位制裁，俄罗斯对中亚地区的影响力可能会进一步弱化。随着我国"一带一路"倡议在该地区的顺利推进，以及"中国—中亚峰会"取得的积极成果，将会使得俄罗斯对于中国在中亚地区的影响力保持高度关注。俄罗斯科学院院士邓金（А. А. Дынкин）指出，俄罗斯在最大限度重视和密切对华关系的同时，应向中国释放正视俄罗斯利益的信号，至少在"后苏联空间"国家范围内的利益。

其次，应深入分析问题。分析问题是关键，中俄两国在某些领域的合作仍不够深入，具有一定的深层次原因。一方面，俄罗斯囿于美西方国家日益加剧的经济制裁，在政治和经济发展领域对中国的依赖程度较深，但在关键技术和军事发展领域，基于对我综合国力快速全面发展的考量，俄罗斯仍对我有较强的防范意识；另一方面，俄罗斯在"后苏联空间"长期处于主导地位，随着我国"一带一路"倡议走向深入，以及包括国家军事实力在内的综合国力的提升，我国在该地区的战略影响力会持续加大，与该地区国家之间的安全合作领域也将有所拓展，中俄双方在该地区的国家利益有可能出现矛盾。如，俄罗斯对中国与原苏联国家之间的军事技术合作实施干预，其东部军区战略筹划中也有涉及针对中国的内容。

最后，应切实解决问题。解决问题是目的，再好的伙伴也有矛盾，中俄双方合作必然存在诸多问题和困难，应下大功夫精心化解矛盾。一是健全沟通协调机制。世界越是动荡不安，中俄关系越应稳步向前。中俄协调是地区安全的基石，也是推动地区团结合作的"稳压器"。以中俄在中亚地区的合作为例，由于中亚地区采取"多方位外交"，与中俄两国在安全领域均有紧密合作，中俄两国的空天安全利益在该地区的交织也最为紧密。为此，中俄两国应不断完善沟通协调机制，加强交流互动，增进相互理解和支持，强化"共商、共建、共享"理念，及时预测可能出现的矛盾问题，合理化解潜在矛盾纠纷，确保地区安全合作正常有序展开。二是集中解决主要矛盾和问题。应在充分认清双方合作所面临矛盾和问题的基础上，分析梳理主要矛盾问题，以及矛盾问题的主要方面，优先解决重点问题，循序渐进；与此同时，应求同存异，重点强化双方合作的优势效果，不因矛盾问题的存在而中断或延缓双方的务实合作。三是创新合作路径。中俄关系是世界上最重要的双边关系之一，应在持续深化合作的基础上，不断创新合作路径和方式方法，挖掘双方在空天安全领域的战略契合点，增强互信，共同推动两国务实合作实现跨越式发展。

总之，如果中俄携手绘就深化两国关系的发展路线图，双方就能持续推动和深化全方位合作。在这个路线图框架下，各种因素都会增强双方国力，而不会限制任意一方。

四、综合运用攻防手段，重视战略进攻力量建设，强化空天作战实力

"打铁还得自身硬"，要在未来空天军事对抗中赢得战略主动，赢得战争，必须要具备强大的军事实力，使国家在空天安全领域具有强大的战略威慑力。我们主张积极防御，就必须全面提升自身空天作战实力。普鲁士军事理论家卡尔·冯·克劳塞维茨（Carl Von Clausewitz）提出的"攻势防御"思想也有力印证了这一点，他认为，防御绝不是单纯的盾牌，而是由巧妙的打击组成的盾牌。在当前高技术战争条件下，"攻势防御"依然是对付敌方实施先发制人打击的有效手段。正如我国著名军事家孙武所言，"善战者，先为不可胜，以待敌之可胜"。我们应大力发展空天军事实力，锻造"能打仗、打胜仗"的空天作战力量，确保"召之即来，来之能战，战之必胜"。

（一）强化空天威慑以达"不可胜"

"不可胜"，即己方不被敌人战胜，建立在强大的军事实力基础之上。空天威慑的实质是通过建立强大的空天军事实力，以及针对性的空天力量布势，遏制和阻止对手的战争野心，从而预防空天安全威胁，维护国家安全与发展利益，其核心内容是提升空天军事实力和展开空天力量布势。

一方面，加速构建强大的空天力量体系，提升空天军事实力。"能打胜仗"是党在新形势下强军目标的核心，反映了军队的根本职能和军队建设的根本指向。空天力量作为维护国家空天安全的主要力量，必须把"能打胜仗"作为建设目标。当前，要塑造于我有力的国家空天威慑态势，确保空天作战"先为不可胜"，必须精心打造出空天一体、攻防兼备的"不可胜"的空天力量体系。一是完善编制体制，结合我国国情特色和实际发展所需，尽最大可能实现空中力量与太空力量的有机结合，实现防空力量、防天力量和反导力量的有机统一。二是优化指挥体制。以信息技术为核心，努力实现全军侦察、通信、指挥、火力和保障等作战要素的深度融合，提升空天战场态势感知和空天一体作战指挥效能。三是发展武器装备。紧密跟踪高新技术的发展动态和趋势，预测未来战争形态，积极开发核心关键技术，全面推动武器装备升级换代步伐，科学检验装备作战使用情况，确保武器装备技术自主可控、性能世界领先。

另一方面，精心展开空天力量布势，扎实准备和精准实施空天军事对抗行动。空天力量布势是展开空天军事对抗行动的前提和基础，我们应在充分认清世界空天安全发展态势的基础上，在全面构建空天力量体系、提升空天军事实力的情况下，着眼国家安全与发展利益需求，积极展开空天力量布势，切实维护国家空天安全。一是通过科学、合理、精确、完备的空天力量布势，可以确保顺利高效地完成空天防御力量预置、战略侦察预警监视、调整防御兵力部署、提高防御战备等级等防御性空天威慑行动，对敌方起到强有力的战略威慑作用，从而达成"不战而屈人之兵"的效果。二是精心展开空天力量布势可以促进空天军事对抗行动的有效实施，例如在争议区域上空组织对等飞行、开展空天演习演练、组织空中巡航、空中禁飞、空中封锁、警示性空中交战和对敌突击等进攻性空天威慑行动。因此，在日趋激烈的空天竞争条件下，我们应全面展开空天力量布势，针对不同情形合理选择使用一种或多种空天威慑行动方式，突出对重点国家和重点战略方向的战略威慑，全力展示我坚决捍卫国家安全与发展利益的决心。

（二）综合运用攻防手段以达"敌之可胜"

"敌之可胜"，即可以战胜敌人，是各种因素综合作用的结果。拥有强大的空天实力是取得战争胜利的前提，而要达成"敌之可胜"，还要"善守""善攻"，从而"能自保而全胜也"。

一方面，应协调发展空天进攻与空天防御手段。自古以来，进攻和防御就是战争的两种作战形式。孙子兵法有云，"不可胜者，守也；可胜者，攻也。"意为，若要不被敌人战胜，就要采取防御；若要战胜敌人，就要采取进攻。当前，空天进攻和空天防御也是空天作战的两种主要形式，两者并立并存、互为补充，共同构成维护国家空天安全利益的主要军事手段，而且缺一不可。空天进攻是维护空天安全最有效的战略手段，用于打击敌军事、政治、经济等领域的核心关键目标，以期大大削弱敌作战实力和潜力。空天防御是维护国家安全的重要方式，用于抗击或反击敌空天袭击兵器的打击，并保护本国重要目标免遭敌空天打击。两种手段的运用应视具体情况和事态发展而灵活变化、有机结合。在信息化条件下，空天作战一触即发，我们既要确保空天进攻手段这支"矛"的锋利，也要用好空天防御手段这面"盾"的防护。只有一手执"矛"、一手持"盾"，而且科学搭配、合理使用两种"武器"，充分发挥每种"利器"的作战性能，方能达成"敌之可胜"的效果。

另一方面，应着重加强空天进攻力量建设。毛主席说，"矛盾的两个方面中，必有一方面是主要的，其他方面是次要的""事物的性质，主要是由取得支配地位的矛盾的主要方面所规定的"。空天进攻与空天防御是问题的两个方面，在新时期新形势下，空天进攻已成为维护空天安全最主要的战略手段，属于问题的主要方面，应予以重点关注和解决。这是因为随着高新技术的飞速发展，以及在空天作战领域的广泛应用，空天防御的难度大大提升，而且防御消耗费用远远大于进攻所需费用。因此，主要国家近年来更加重视发展空天进攻力量，以抢占空天优势地位。借鉴俄罗斯的建设发展经验，近年来秉持"非对称"战略，积极研发高超声速武器、激光武器、动能武器、攻击型重型无人机、亚声速战略轰炸机等高精尖武器装备，空天进攻力量体系不断得到完善，空天进攻实力得到极大增强。换言之，进攻就是更好的防御，空天进攻力量的增强，也可以大大提升国家空天防御实力，进而提升空天作战整体实力。

五、着眼未来空天作战，多渠道助力空天力量建设，全面提升战备能力

军事手段是维护国家安全与发展利益的保底手段，必须大力提升国家空天军事实力、作战能力和战备能力。习近平总书记强调，要"强化忧患意识、危机意识、打仗意识，扎扎实实做好军事斗争准备各项工作。"现阶段，应立足未来空天作

战需求，从实际出发，扎实做好空天作战准备工作，树立"人不犯我，我不犯人，人若犯我，我必犯人"的严正态度，努力锻造出可以随时上战场、随时打胜仗的强大的空天力量。

（一）扎实做好空天作战准备工作

做好必要和充足的作战准备工作，方能把握战争主动权。"不打无准备之仗，不打无把握之仗"是毛泽东军事思想的主要内容之一，强调每场战争都要有所准备，以确保有胜利之把握。如果没有充分准备，就会丧失优势和有利地位。毛主席曾指出，"优势而无准备，不是真正的优势。懂得这一点，劣势而有准备之军，常可对敌举行不意的攻势，把优势者打败。"空天作战环境下，战争首先从空天开始，发生空天突袭的可能性增加，对国家空天作战准备工作提出了更高的要求。通常而言，我们应在思想上和行动上都做好空天作战准备工作。

一是思想上"绷紧弦"，做好打仗准备。空天一体作战已成为当前和未来主要作战样式之一，我们应从思想上高度警觉起来，深刻分析并妥善解决国家的空天安全问题。一方面，应在思想上高度重视空天威胁和空天作战。在信息时代和空天时代，空天安全关乎国家主权和领土完整，关乎国家生存与发展。一旦美西方国家成功将空天优势以高度信息化的军事能力作用于大国竞争，国家的军事能力将直接面临归零的风险。我们应清晰地认识到，"帝国主义亡我之心不死"，而且已经非常明确将我国定义为其主要战略竞争对手，处处对我进行遏制打压。我们必须抛弃一切幻想，既要保持定力，持续开展"有理、有力、有节"的斗争，站在国际法和道义的高度，联合世界各国积极参与空天治理，合力塑造和平稳定的空天安全环境；也要想方设法强化"内功"，创新思路，优化路径，积极抢占空天制高点，努力全面提升空天实力和作战能力。另一方面，要大力培育不畏强敌、不怕牺牲的战斗精神。孙子曰，"杀敌者，怒也"，意为，要使军队英勇杀敌，需要提振部队士气。空天作战更需如此。要敢于迎战，敢于面对敌人的首轮"瘫痪式"空天袭击甚至是核打击；要勇于反击，勇于在身处困境之中对敌实施坚决果断的反击；要不畏强敌，坚信"一切反动派都是纸老虎"，坚信正义必定战胜一切；要不怕牺牲，要坚定信仰，相信在中国共产党的领导下一定可以排除万难，夺取胜利。只有在精神上站得住，士气上立得稳，才能锤炼出过硬作风，并在血与火的考验中屹立不倒。

二是行动上"拉满弓"，做足打仗准备。部队在战时所激发出来的不畏强敌、不怕牺牲的"杀气"，离不开平时扎扎实实锤炼出来的敢打敢拼的"虎气"。空天作战条件下，比拼的不是单个武器的性能优势，而是整个空天作战体系对抗，关系到陆、海、空、天、电、网多个领域，涉及侦察、通信、指挥、火力、保障等各个环节，必须在所有相关领域做足准备工作，确保一体化空天作战行动高效实施。与此同时，应根据具体作战任务需求，抓住重点，精准施策，扬长避短，确保实现对敌优势。当前，应持续优化编制体制，确保空天作战实现一体化指挥；应大力发展高精尖空天作战兵器，持续强化空天军事对抗实力；应加大空天作战演习演练强度，展开具有针对性的专项演习演练，在演练中检验空天一体指挥效能，检验武器装备作战性能。只有在行动上既展现优势，又做足准备，才能锤炼出过硬底气，有能力、有把握打击和消灭一切来犯之敌。

（二）全面助力国家空天力量建设

空天力量包括空天感知力量、空天进攻力量、空天防御力量、网电对抗力量、战略投送力量和综合保障力量等，这些力量有机结合，相互作用，共同构成国家空天力量体系。空天力量建设涉及诸多领域，但从根本上讲，理论研究是基础，人才培养是核心，技术攻关是关键。

一是深化空天作战理论研究。"时代是思想之母，实践是理论之源""实践发展永无止境，……理论创新就永无止境"。理论来源于实践并指导实践，空天作战实践和空天力量体系建设要求实现空天理论的创新发展，并再次准确指导空天作战实践。鉴于此,应加强基础理论研究,强化基础理论对空天力量建设的重要作用;应加强空天安全战略问题研究,紧密关注美俄等世界大国在空天安全领域的发展战略和最新动态;应坚持问题导向,加强空天攻防作战理论研究,探讨未来空天作战样式,预测智能化战争的未来发展趋势;应加强空天力量建设理论研究,根据新形势新任务全面客观地分析空天力量建设的主要内容和重点方向。应加强战争案例研究,从实战案例中总结经验吸取教训,深入挖掘空天作战的问题与特点,在剖析经典实战案例中提炼升华空天作战理论,不断丰富和完善空天作战理论体系。

二是强化专业人才培养。当前,空天技术发展飞速,空天力量建设面临种种难题,急需大量高素质专业人才参与其中以提供强大的智力支持,但是目前专业人才培养渠道和机制仍不够完善,对国家空天力量体系建设造成一定掣肘。应重点培养空天安全领域优秀的专家型人才。通过"引进来 + 走出去"的方式,加强与地方相关科研院所的相互合作,吸引相关领域专家积极投身军队空天防御体系建设研究当中,鼓励军队空天专家学者积极参与地方单位相关研究课题,选派优秀人才出国深造,吸收国外相关领域研究成果。应加大空天作战领域专业人才培养力度。优化院校教育人才培养方案,合理增设空天作战相关专业,强化空天作战研究的系统性和科学性,在相关任职培训中科学地增加空天专业培训内容。推动院校与部队的良性互动，及时了解部队需求，合作开展科研攻关，加大部队实践力度，提升合力育人效果。

三是专注核心技术攻关。习近平总书记指出，"要采取'非对称'赶超战略，发挥自己的优势，特别是到 2050 年都不可能赶上的核心技术领域，要研究'非对称'性赶超措施""在关键领域、卡脖子的地方要下大功夫"。要突破关键技术开发的难题，进一步完善空天作战科研工作体系；要重点关注人工智能技术在空天力量建设和空天攻防作战中的应用；要加大对高超声速与反高超声速技术、无人机攻防技术、隐身与反隐身技术、激光武器技术、反卫星技术等高精尖技术的开发与应用。

六、充分调动民用资源，进一步强化军地合力，提升空天作战保障能力

国家空天力量体系的建设、空天作战实力的提升，以及空天力量的全面布势，都需要倚靠国家强大的综合国力作为坚强后盾，都需要协调动用军民资源予以全面保障。新形势下，我们应进一步强化军地合力，完善军地联动机制，合力推动空天资源共享最大化、空天作战力量体系最优化、空天威胁预警情报最准化、空天作战反应最快化，以确保全面提升空天作战保障能力。

（一）最大程度实现优势互补

俄罗斯国防工业体系的建设发展过程，以及在叙利亚军事行动中所展现的超强战略投送能力，充分证明了军地联合不仅有力促进了国家空天力量体系建设成效，而且大大提升了俄军的空天作战能力。我国长期以来高度重视军地联合深入发展，在诸多科研攻关领域，已打破军地之间的制度壁垒，军地相关单位机构群策群力，开拓出了一条良性互动的军地联合之路。与此同时，我们也应认识到，事物是不断向前发展的，我们要用发展的眼光审视军地联合问题。鉴于国家所面临的空天安全威胁日益严峻，军地联合的范围、深度、方法和路径等也应随之拓展。

一是应完善和创新军地联合应急保障机制。平时积极加强与地方各相关部门的协调、沟通、配合，以国家安全与发展全局为出发点，打破军地之间的壁垒，在涉及空天力量建设和实际运用等问题时，创新思路解决所面临的新问题，健全相关运行机制，最大限度地合理调用地方的人力、物力和财力等，完善军地空天感知力量、战略投送力量、综合保障力量等，实现军地协调行动，形成合力，全面提升我军的空天作战保障能力。

二是加强并推动军地之间的科技交流与合作攻关。"攥指成拳"方能展示拳头的威力。军地联合科技攻关，可以大大减少科研成本，集中优势力量办大事，起到事半功倍的效果。以战略投送力量建设为例，军用"大飞机"是当前和未来战争中完成战略投送任务的核心组成，但是要确保未来空天作战的快速高效实施，仅靠军用运输机仍不能完全满足未来战争需要，不能确保我空军的战略投送现实需求。我们一方面应充分挖掘民用部门的国防科技潜力，集中民用部门和机构的技术优势，积极推动民用技术在下一代军用运输机研发工作中的应用，从而降低技术成本，缩短研发周期，减少投资风险，尽早实现新一代军用运输机的研发突破。另一方面，也要根据民用运输机的性能特点，充分挖掘民用运输机的空天作战保障潜能，有效发挥民用运输机的战略投送能力，科学搭配军民战略投送力量，全面提升空天作战战略投送能力水平。

三是丰富和完善军地合作政策法规。政策法规是有效落实军地合作的法理依据，是军地之间协调行动的法制约束。仍以战略投送为例，依据相关政策法规，军队可以在平时配合地方完成非战争军事行动的战略投送任务，而在战时，地方则有责任有义务及时补充军队空中运输能力的不足。为此，在涉及完成战略投送的政策法规中，应明确国家和军队相关单位和部门的职责分工、权利义务，为地方参与空军战略投送能力建设和作战行动提供法律依据和保障。

（二） 重点解决核心关键问题

习近平总书记强调，"各项工作和建设、各方面力量和资源都要聚焦军事斗争准备、服务军事斗争准备，推动军事斗争准备工作有一个很大加强"，从根本上提升部队战斗力。落实到进一步强化军地合力层面，一方面，要求军地之间要加强相互协作和紧密合作，"心往一处想、劲往一处使"，群策群力，众志成城，共同推进国家军事实力提升至一个新的水平；另一方面，也要树立问题意识，紧紧抓住重点需求和关键问题，军民协作互动，共同有针对性地解决军事斗争所面临的困难。

一是全面梳理制约军民深度融合的主要问题。问题是先导，进一步强化军地合力，必须找准关键问题所在，尤其是制约军地一体联动的主要问题。首先，要打破军地之间的合作壁垒。"打破封闭是突破口"。于军队而言，应打破对军事技术开发的范围限制，在遵守军队保密规定的前提下，积极动员鼓励地方科研院所参与合作。近年来，军队每年都会在全国范围内发布科研攻关需求，努力吸引地方科研团队出谋划策，贡献力量，提供技术支持和智力支持，在一定程度上完善了军地联动机制，强化了军地合力。其次，要继续解决军地联合体制机制问题。应继续优化组织管理体系，完善军地协调机制，在合作法规制度方面为军地合作提供保障，从而确保军地之间实现真正的沟通顺畅。最后，要明确军民之间的合作重点。着眼未来空天作战需求，立足推动国家空天力量体系建设，细化任务，确定重点，明确军地各方责任，着力解决困扰我空天作战能力提升的核心关键问题，确保军地合作落在实处。

二是明确平时和战时的不同工作重点。军地联合是一项系统工程和国家战略任务，应予以高度重视，明确平时和战时的工作重点，有针对性地服务国家空天安全需求。平时，军地携手积极谋取军事技术竞争优势。科技是第一生产力，科学技术的发展及运用直接影响到未来战争的性质。一方面，应以解决现存问题为目的开展军地合作技术攻关。习近平总书记强调，"对突出短板弱项要扭住不放、持续用力"。空天技术方面，我们应针对已发现的突出问题和不足，在军地之间开展广泛合作，切实突破技术难题，确保在空天技术开发应用领域不掉队。另一方面，应以夺取技术优势为目的开展军地合作技术研究。应超前预测未来技术发展趋势，更加注重前瞻性和探索性重大技术研究，努力实现技术创新，推动军队空天战斗力的增强。战时，军地协作提升空天作战全面保障水平。空天作战关系到国家的生死存亡，不仅是军队的责任，而是国家全民的责任。战时应充分协调运用军地所有资源和力量，为国家空天军事对抗行动提供全民保障。叙利亚军事行动期间，俄罗斯在战略投送力量运用方面，大量动员民用运输机参与作战人员和战略物资投送，大大提升了空天作战保障能力和部队战斗力；另外，为确保对叙利亚恐怖分子实施精准打击，还专门调用民用卫星实施侦察，与其他军事侦察手段相互佐证，大大提升了空天打击效果。

三是发挥中国特色政治优势确保全民凝心聚力。毛主席曾指出，动员了全国的老百姓，就造成了陷敌于灭顶之灾的汪洋大海，造成了弥补武器等缺陷的补救条件，造成了克服一切战争困难的前提。这种政治动员思想在信息时代和空天时代仍然适用，甚至更为迫切。在信息化智能化条件下，美西方国家积极发动信息战、心理战、舆论战，在世界范围内不断发动"颜色革命"，宣扬所谓"西方民主"，造成世界地区局势动荡、国内社会秩序混乱、大量居民流离失所。俄罗斯经历数次国内政治风波之后，在深入分析客观紧迫形势的情况下，在2021年版《国家安全战略》中明确指出，俄罗斯的精神道德和文化历史价值正遭受西方攻击，并首次把"保护俄罗斯人民"列为国家利益之首。我党始终坚持"全心全意为人民服务"，领导全国人民夺取了土地革命战争、抗日战争、解放战争的胜利，并与全国人民戮力同心，建设社会主义新中国，取得了一个又一个新的伟大胜利。当前，面临日益严峻的空天安全威胁，我们要"研究掌握信息化智能化战争特点规律，创新军事战略指导，发展人民战争战略战术"，要"巩固提高一体化国家战略体系和能力"，要继续发挥社会主义制度能够集中力量办大事的政治优势，用好"我党我军克敌制胜的重要法宝"，聚焦智能化战争探索人民战争新内涵，进一步强化全体人民的空天安全意识，进一步推动军地在空天安全领域的"需求融合、资源融合和能力融合"，最大程度激发广大人民的拥军爱国热情，实现对战争的全方位感知和对军地资源的有效利用，为维护国家空天安全凝心聚力，形成强大合力，在民族精神上和融合实践上共同筑起一道道坚不可摧的铜墙铁壁。

综上所述，空天战场在很大程度上主导和决定未来战争的进程和结果，而且随着人工智能和大数据等关键技术的快速发展，空天攻防作战态势将会日趋激烈。如何有效遏制空天安全领域的潜在冲突，并且在未来空天作战行动中赢得战争，是关系到国家安全与发展的重大课题。我们应强化空天安全意识，积极做好战略谋划，妥善应对空天安全威胁；积极参与空天治理，提出"中国方案"，主动争取空天治理话语权；加强与俄罗斯合作，健全沟通协调机制，共同推动全球战略稳定；综合运用攻防手段，重视战略进攻力量建设，强化空天作战实力；着眼未来空天作战，多渠道助力空天力量建设，全面提升战备能力；充分调动民用资源，进一步强化军地合力，提升空天作战保障能力。

参考文献

［1］ 蔡华堂. 美国军事战略研究［M］. 北京：时事出版社，2018.

［2］ 丛鹏，张颖. 战略视角下的中俄关系［M］. 北京：时事出版社，2011.

［3］ 方晓志. 麦金德地缘战略思想研究［M］. 北京：军事科学出版社，2014.

［4］ 高金钿. 国际战略学概论［M］. 北京：国防大学出版社，2001.

［5］ 关雪凌，张猛. 普京政治经济学［M］. 北京：中国人民大学出版社，2015.

［6］ 郭小丽. 俄罗斯的弥赛亚意识［M］. 北京：人民出版社，2009.

［7］ 李陆平，薛国安. 中外军事名著导读［M］. 北京：解放军出版社，2011.

［8］ 李为民，陈刚，等. 空天防御概论［M］. 北京：国防大学出版社，2010.

［9］ 李效东. 国际军事学概论［M］. 北京：军事科学出版社，2004.

［10］ 李学忠，田安平. 国家空天安全论［M］. 北京：解放军出版

社，2010.

[11] 栗献忠. 俄罗斯民族主义研究 [M]. 北京：社会科学文献出版社，2015.

[12] 李兴，等. 亚欧中心地带：俄美欧博弈与中国战略研究 [M]. 北京：北京师范大学出版社，2013.

[13] 柳丰华. 俄罗斯与中亚——独联体次地区一体化研究 [M]. 北京：经济管理出版社，2010.

[14] 刘万义，彭刚虎. 俄罗斯空天防御理论研究 [M]. 北京：国防工业出版社，2015.

[15] 刘军，毕洪业，等. 俄欧关系与中国欧亚战略 [M]. 北京：时事出版社，2015.

[16] 刘强. 国际军事安全论 [M]. 北京：时事出版社，2010.

[17] 刘学军. 经略空天——空天领域战略问题研究 [M]. 北京：蓝天出版社，2014.

[18] 罗英杰，等. 俄罗斯国家安全战略研究 [M]. 北京：时事出版社，2020.

[19] 马建光. 叙利亚战争启示录 [M]. 北京：长江文艺出版社，2017.

[20] 倪世雄. 当代西方国际关系理论 [M]. 上海：复旦大学出版社，2018.

[21] 牛立伟. 俄罗斯战略防御思想史略 [M]. 北京：时事出版社，2017.

[22] 阮西湖，等. 苏联民族问题的历史与现状 [M]. 上海：三联书店，1979.

[23] 田安平，张建业，等. 中国空天安全战略构想 [M]. 北京：解放军出版社，2016.

［24］王帆，凌胜利. 人类命运共同体——全球治理的中国方案［M］. 长沙：湖南人民出版社，2017.

［25］王彤. 世界与中国：构建人类命运共同体［M］. 北京：中共中央党校出版社，2019.

［26］温俊轩. 谁在世界中心［M］. 北京：中信出版社，2017.

［27］吴九龙. 孙子校释［M］. 北京：军事科学出版社，2007.

［28］习近平. 习近平谈治国理政（第一卷）［M］. 北京：外文出版社，2017.

［29］习近平. 习近平谈治国理政（第二卷）［M］. 北京：外文出版社，2018.

［30］习近平. 习近平谈治国理政（第三卷）［M］. 北京：外文出版社，2020.

［31］邢广程，初冬梅. 中俄关系：全面推进和战略协作［M］. 北京：中国社会科学出版社，2023.

［32］徐颖盾. 空天竞争的历史与现实［M］. 北京：军事科学出版社，2014.

［33］薛翔. 国家安全战略学教程［M］. 北京：军事科学出版社，2013.

［34］薛兴国. 俄罗斯国家安全理论与实践［M］. 北京：时事出版社，2011.

［35］杨信礼. 重读《论持久战》［M］. 北京：人民出版社，2018.

［36］杨信礼. 重读《实践论》《矛盾论》［M］. 北京：人民出版社，2019.

［37］杨毅. 国家安全战略理论［M］. 北京：时事出版社，2008.

［38］杨育才. 俄罗斯战略问题10讲［M］. 北京：国防大学出版社，2015.

［39］于淑杰. 当代俄罗斯军事战略研究［M］. 北京：军事科学出版社，2015.

［40］张丽君. 俄罗斯思想与俄罗斯社会主义［M］. 北京：中国社会科学出版社，2013.

［41］张啸天. 国家利益拓展与军事战略［M］. 北京：时事出版社，2010.

［42］张英利. 新时期中国国家安全战略［M］. 北京：国防大学出版社，2013.

［43］赵鸣文. 21 世纪欧亚地缘大博弈［M］. 北京：研究出版社，2020.

［44］中共中央文献研究室. 习近平关于科技创新论述摘编［M］. 北京：中央文献出版社，2016.

［45］中国中央电视台. 《大国崛起》节目组俄罗斯［M］. 北京：中国民主法制出版社，2006.

［46］波波·罗. 孤独的帝国［M］. 袁靖，傅莹，译. 北京：中信出版社，2019.

［47］克劳塞维茨. 战争论［M］. 中国人民解放军军事科学院，译. 北京：解放军出版社，2005.

［48］安年科夫，等. 国家关系中的军事力量［M］. 于宝林，等译. 北京：金城出版社，2013.

［49］米·季塔连科，弗·彼得罗夫斯基. 俄罗斯、中国与世界秩序［M］. 粟瑞雪，译. 北京：人民出版社，2018.

［50］米·列·季塔连科. 俄罗斯的亚洲战略［M］. 李延龄，等译. 北京：中国社会科学出版社，2014.

［51］戴维·J·罗杰森. 中国与俄罗斯：竞争与合作［M］. 夏庆宇，译. 北京：社会科学文献出版社，2016.

［52］哈·麦金德. 历史的地理枢纽［M］. 林尔蔚，陈江，译. 北京：商务印书馆，2010.

［53］汉斯·摩根索. 国家间政治：权力斗争与和平［M］. 肯尼思·汤普森修

订，徐昕，等译. 北京：北京大学出版社，2012.

[54] 亨利·基辛格. 美国的全球战略 [M]. 胡利平，凌建平，等译. 海口：海南出版社，2009.

[55] 亨利·基辛格. 世界秩序 [M]. 胡利平，林华，等译. 北京：中信出版社，2015.

[56] 卡伦·明斯特，伊万·阿雷奎恩 - 托夫特. 国际关系精要 [M]. 潘中岐，译. 上海：上海人民出版社，2018.

[57] 罗伯特·卡普兰. 即将到来的地缘战争：地图上的大国争斗及对地理宿命的战争 [M]. 涵朴，译. 广州：广东人民出版社，2013.

[58] 索尔·科恩. 地缘政治学：国际关系的地理学（第二版）[M]. 严春松，译. 上海：上海社会科学院出版社，2019.

[59] 兹比格纽·布热津斯基. 大棋局：美国的首要地位及其地缘战略 [M]. 中国国际问题研究所，译. 上海：上海人民出版社，2011.

[60] 全球安全倡议概念文件 [N]. 人民日报，2023 - 02 - 22（15）.

[61] 新华社. 中华人民共和国和俄罗斯联邦关于深化新时代全面战略协作伙伴关系的联合声明 [N]. 人民日报，2023 - 03 - 22（2）.

[62] 毕洪业. 中俄关系的内生动力 [J]. 俄罗斯研究，2023（2）：34 - 40.

[63] 邓金 A A. 国际动荡与俄罗斯 [J]. 钟建平，译. 俄罗斯学刊，2021（1）：114 - 131.

[64] 邓秀梅，梅育源. 俄罗斯加快锻造空天作战力量 [N]. 解放军报，2020 - 02 - 27（11）.

[65] 董达飞. 俄罗斯空天军的组建动因及问题分析 [J]. 空军工程大学学报（军事科学版），2016（2）：8 - 11.

[66] 董达飞. 俄罗斯空天军远程作战能力建设的特点及发展趋势 [J]. 飞

航导弹, 2021 (7): 1-6.

[67] 董达飞, 安洪若, 郭华. 俄军无人机作战使用发展趋势及经验教训 [J]. 飞航导弹, 2020 (9): 65-70.

[68] 董达飞, 杜娜. 俄罗斯欧亚空天防御战略思想解读 [J]. 空军工程大学学报 (军事科学版), 2020 (1): 99-101.

[69] 董达飞, 姜光顺. 俄罗斯空天安全问题初探 [J]. 现代军事, 2016 (10): 78-82.

[70] 董达飞, 王洛一, 何孟良, 等. 俄罗斯空天军战略投送能力建设发展及启示 [J]. 飞航导弹, 2020 (11): 72-76.

[71] 费士廷. 巩固提高一体化国家战略体系和能力 [N]. 解放军报, 2023-03-09 (1-2).

[72] 冯绍雷. 全球转型、俄乌危机与中俄关系 [J]. 俄罗斯研究, 2024 (1): 9-35.

[73] 丰松江. 日本加快太空军事化步伐 [N]. 中国国防报, 2020-05-06 (4).

[74] 冯玉军. 俄乌冲突的地区和全球影响 [J]. 外交评论, 2022 (6): 72-96.

[75] 宫旭平, 吴笛, 邹轶男. 21世纪空天安全与国防建设研究 [J]. 国防, 2017 (8): 4-8.

[76] 何奇松. 法国太空战略评析 [J]. 欧洲研究, 2020 (6): 135-154.

[77] 何奇松. 特朗普政府《导弹防御评估》评析 [J]. 国际论坛, 2019 (4): 45-59.

[78] 何奇松, 叶妮姗. 中国与俄罗斯太空合作分析 [J]. 俄罗斯研究, 2021 (4): 148-175.

［79］黄大慧. 全球安全倡议的实施路径与价值意蕴［N］. 中国社会科学报，2023 – 08 – 31（7）.

［80］焦黎，庞超伟. 俄罗斯空天防御体系建设新动态［J］. 国防科技，2022（12）：37 – 42.

［81］孔桥雨. 俄罗斯空天政策调整：实践与创新［J］. 俄罗斯学刊，2022（1）：71 – 90.

［82］李飞，王世梅，李宗璞. 俄罗斯空天装备建设经验与启示［J］. 飞航导弹，2021（11）：113 – 117.

［83］李晋阳. 浅析法国空天军的成立、建设与发展［J］. 军事文摘，2021（9）：58 – 63.

［84］李瑞琴. 俄罗斯对特朗普政府《美国国家安全战略报告》的回应与评析［J］. 当代世界，2018（2）：31 – 34.

［85］李雯，董达飞，侯霞. 俄罗斯高超声速飞行器发展动态及关注重点［J］. 飞航导弹，2021（11）：46 – 51.

［86］刘洪坤，夏永杰. 国家空天安全需求研究［J］. 空军工程大学学报（军事科学版），2008（1）：33 – 36.

［87］刘莹. 俄罗斯太空政策调整与中俄太空合作［J］. 国际问题研究，2024（1）：74 – 90.

［88］马建光，张超，刘帅一. 俄罗斯空天防御体系建设研究［J］. 西伯利亚研究，2014（1）：51 – 55.

［89］田安平，杨源，等. 时代呼唤中国空天安全战略［J］. 空军工程大学学报（军事科学版），2013（3）：1 – 4.

［90］王晨星. 新版国家安全战略凸显俄"一极"目标［N］. 工人日报，2021 – 07 – 09（8）.

［91］ 王树春. 俄罗斯的地缘政治理念和对外政策［J］. 俄罗斯学刊，
2011（2）：44－52.

［92］ 王晓光，何镜，刘东兴，等. 俄乌冲突中的航空弹药作战使用分析与
启示［J］. 战术导弹技术，2022（4）：23－29.

［93］ 王晓泉. 中俄关系的历史逻辑［J］. 俄罗斯研究，2023（2）：23－27.

［94］ 王雅琳，刘都群，李学朋，等. 俄乌冲突中俄精确打击武器运用研
究［J］. 战术导弹技术，2022（3）：107－115.

［95］ 魏建勋. 伙伴关系的内涵、发展、启示——基于中俄关系的分析［J］. 东
北亚学刊，2023（2）：89－107.

［96］ 文威入. 日"太空作战群"初具雏形［N］. 中国国防报，2021－
09－24（4）.

［97］ 吴大辉. 拜登执政后的俄美关系走向［J］. 现代国际关系，2020（12）：
11－13.

［98］ 吴志成. 以大国担当践行全球安全倡议［J］. 国际论坛，2023（1）：
15－20.

［99］ 武剑，佟濛，等. 俄罗斯空天防御作战指挥体系现状及启示［J］. 军
地两用技术与产品，2022（3）：4－8.

［100］ 习近平. 高举中国特色社会主义伟大旗帜，为全面建设社会主义现
代化国家而团结奋斗——在中国共产党第二十次全国代表大会上的
报告［J］. 党建研究，2022（11）：2－33.

［101］ 肖金科，李为民，等. 空天防御作战任务规划关键技术分析［J］.
飞航导弹，2015（2）：51－55.

［102］ 杨鹏飞. 论大国战略取向与俄罗斯的大国成长［J］. 西北成人教育
学院学报，2017（6），75－83.

［103］余南平，严佳杰. 国际和国家安全视角下的美国"星链"计划及其影响［J］. 国际安全研究，2021（5）：67－91.

［104］余潇枫. "全球安全倡议"：人类安全的"前景图"［J］. 国际安全研究，2023（1）：4－25.

［105］张立辉. 构建中俄命运共同体：内涵、基础和挑战［J］. 西伯利亚研究，2023（1）：66－77.

［106］张先剑，杨乐平. 空天防御作战规划问题研究［J］. 国防科技，2018（6）：20－26.

［107］赵隆. 大变局背景下中俄战略协作的多边路径和议程设置［J］. 俄罗斯研究，2024（1）：104－127.

［108］赵隆. 理解中俄关系"世界意义"的五个维度［J］. 俄罗斯研究，2023（2）：41－49.

［109］赵文华. 空天安全形势及其对未来作战的影响［J］. 中国军事科学，2015（3）：105－111.

［110］钟伴仁. 重塑"俄罗斯民族精神"——普京执政的一大亮点［J］. 中国党政干部论坛，2004（12）：55－56.

［111］中华人民共和国和俄罗斯联邦关于深化新时代全面战略协作伙伴关系的联合声明［N］. 人民日报，2023－03－22（2）.

［112］朱宁. 俄罗斯军队统一信息空间建设初探［J］. 国际研究参考，2019（11）：17－27，35.

［113］子歌. 日本发布首份太空安保构想［N］. 中国国防报，2023－06－12（4）.

［114］A. И. Подберезкий. Евразийскиая воздушно－космическая оборона［M］. Москва：Издательство МГИМО－университет，2013.

［115］ Александр Григорьевич Лузан. Противоракетная и противовоздушная оборона на театрах военных действий: история, реалии и перспективы ［J］. Воздушно - космическая сфера, 2019 (1): 76 - 86.

［116］ Александр Проханов, Сергей Глазьев. Холодная война 2. 0 Стратегия русской победы ［M］. Москва: Изборский клуб, Книжный мир, 2015.

［117］ Александр Тихонов. Крылатые транспортники не подведут ［EB/OL］. http: //www. redstar. ru, 2019 - 11 - 22.

［118］ Алексей Рамм, Антон Лавров. Возмездие без дозаправки ［N］. Военно - промышленная курьера, 2016 (13), 2016 - 04 - 05.

［119］ А. П. Кавалев, С. А. Сотник, Д. С. Сотник. Космос как новая сфера вооруженной борьбы ［J］. Военная мысль, 2023 (3): 35 - 52.

［120］ А. П. Корабельников, Ю. В. Криницкий. Тенденции применения сил и средств воздушного нападения и направления совершенствования противовоздушной обороны ［J］. Военная мысль, 2021 (2): 28 - 35.

［121］ А. С. Науменко, С. Д. Салтанов. Стратегическое оборонное партнерство России, Китая и Северной Кореи ［J］. Вестник Российского университета дружбы народов, 2024 (1), 107 - 120.

［122］ В. Н. Бондарев. Грозное небо: авиация в современных конфликтах ［M］. Москва: Центр анализа стратегий и технологий, 2018.

［123］ Валерий Корнеев. Военно - транспортная авиация ВКС РФ ［EB/OL］. http: //www. tass. ru, 2016 - 06 - 01.

［124］ Владимир Владимирович Путин. Послание к Федеральному собранию ［EB/OL］. http: //www. kremlin. ru, 2021 - 04 - 21.

［125］ Владимир Петрович Лященко. Воздушно - космическая оборона государства: современный этап и перспективы развития [M]. Москва: Изд. Экономика, 2015.

[126] Б. Л. Зарецкий. Воздушно – космическая безопасность России [J]. Военная мысль, 2015 (9).

[127] В. Б. Кирилл. Пять достижений и пять перспектив китайско – российских отношений [J]. Власть, 2024 (2), 44 – 56.

[128] В. Е. Ковба, Е. А. Чугунов, В. А. Асеев. Евразийская воздушно – космическая оборона: от проблем создания к перспективам применения [J]. Воздушно – космические силы: теория и практика, 2018 (6), 9 – 14.

[129] В. Н. Дыбов. Об устойчивости воздушно – космической обороны Российской федерации [EB/OL]. http://www. vm. ric. mil. ru, 2019 – 11 – 08.

[130] Военная Доктрина Российской Федерации (2010) [EB/OL]. http:// www. garant. ru, 2010 – 02 – 05.

[131] Военная Доктрина Российской Федерации (2014) [EB/OL]. Российская газета, http://www. rg. ru, 2014 – 12 – 30.

[132] Д. И Менделеев. К познанию России [M]. Москва: Айрис – пресс, 2002.

[133] Дмитрий Сергеев. Воздушно – космический 《зонтик》: чем займутся новые войска России [EB/OL]. http://www. armiesnews. ru, 2015 – 08 – 04.

[134] Евгений Биятов. Путин заявил о мировом лидерстве России по новым вооружением [EB/OL]. http://www. ria. ru, 2021 – 12 – 12.

[135] И. Р. Ашурбейли. Средства воздушно – космического нападения и

воздушно – космической обороны – состояние и развитие ［M］. Москва: ПЛАНЕТА, 2017.

［136］ И. Ю. Сидоров, А. П. Зверяев, Д. С. Крутилин. Воздушно – космические силы России на современном этапе: актуальные задачи и направления развития ［EB/OL］. Актуальные исследования, http://www. apni. ru, 2020 – 12 – 19.

［137］ Константин Михальчевский. Путин призвал нарастить производство и поставки продукции ВС РФ ［EB/OL］. http://www. iz. ru, 2022 – 11 – 25.

［138］ М. Г. Валеев, А. В. Платонов, В. В. Сутырин. Объединенная система противовоздушной обороны государств – участников СНГ: адапция к современным условиям ［J］. Военная мысль, 2021 (2), 107 – 114.

［139］ МИД России. Россия и Китай провели консультации по космической безопасности ［EB/OL］, https://www. ria. ru, 2024 – 02 – 01.

［140］ МИД России. О российско – китайсих консультациях по вопросам космической безопасности ［EB/OL］, https://www. mid. ru, 2023 – 06 – 29.

［141］ М. М. Кучерявый. Геополитические противоречия между Россией и Западом в воздушно – космической сфере ［J］. Управленческое консультирование, 2008 (4), 43 – 49.

［142］ М. М. Кучерявый. Космическое измерение военной безопасности Российской Федерации: геополитический анализ ［J］. Власть, 2009 (1), 3 – 7.

［143］ М. М. Кучерявый. Национальная безопасность России ［M］. Санкт –

Петербург: Изд. Северо – Западной Академии Государственной Службы, 2009.

[144] М. М. Кучерявый. Национальная безопасность России в воздушно – космическом пространстве [M]. Санкт – Петербург: Изд. Северо – западной академии государственной службы, 2010.

[145] Николай Николаевич Ефимов. Политико – военные аспекты национальной безопасности России [M]. Москва: ООО Ленанд, 2014.

[146] Павел Кураченко. Воздушно – космические силы – новый щит России [J]. Воздушно – космическая сфера, 2016 (7), 86 – 93.

[147] Пресс – служба МО РФ. В правительстве рассказали о ситуации с беспилотниками в армии [EB/OL]. http://www. ria. ru, 2022 – 06 – 13.

[148] Путин заверил о высоком уровне военной безопасности в России [EB/OL]. http://www. vkp – news. ru, 2021 (42).

[149] Р. А. Полончук, Р. А. Явчуновская. Сотрудничество России и Китая в сфере обеспечения обороны и безопасности на современном этапе развития [J]. Endless light in science. 2023 (2), 69 – 76.

[150] С. А. Караганов. Российская внешняя политика: новый этап? [N]. Российская газета, http://www. rg. ru, 2016 – 05 – 25.

[151] С. А. Караганов. С востока на запад, или Большая Евразия [N]. Российская газета, http://www. rg. ru, 2016 – 10 – 24.

[152] С. Н. Бориско, С. А. Горемыкин. Анализ состояния воздушно – космических сил России и перспективы развитии [J]. Военная мысль, 2019 (1), 25 – 37.

［153］Сергей Бобылев. Рогозин заявил, что противоспутниковое оружие давно разрабатывалось в России ［EB/OL］. http: //www. tass. ru, 2021 - 11 - 21.

［154］Указ президидент Российской Федерации 《 Об основах государственной политики Российской Федерации в области ядерного сдерживания》［EB/OL］. http: //www. kremlin. ru, 2020 - 06 - 02.

［155］Указ президидент Российской Федерации 《 Об основах государственной политики Российской Федерации в области ядерного сдерживания》［EB/OL］. http: //www. kremlin. ru, 2024 - 11 - 19.

［156］Указ президента Российской Федерации 《О стратегии национальной безопасности Российской Федерации》［EB/OL］. http: //www. , 2021 - 07 - 02.

［157］Управление пресс - службы и информации Министерства обороны Российской Федерации. Новый вид Вооруженных Сил РФ - Воздушно - космические силы ‐ приступил к несению боевого дежурства по воздушно - космической обороне ［EB/OL］, http: // www. mil. ru, 2015 - 08 - 03.

［158］Филипп Маурин. Концерн ВКО 《 Алмаз - Антей》 —— флагман российского ОПК ［EB/OL］. http: //www. 2009 - 2020. oborona. ru, 2019 - 09 - 01.

［159］Хань Шиин. К дискуссии между китайскими и российскими учеными об определении сотрудничества в области обороны и безопасности ［J］.

Мировая политика, 2023 (2), 23 – 40.

[160] Ю. В. Криницкий. Направления развития форм и способов действий войск (сил) воздушно – космической обороны [J]. Военная мысль, 2022 (3), 43 – 51.

[161] Юферев Сергей. День создания военно – транспортной авиации России [EB/OL]. http: //www. topwar. ru, 2019 – 06 – 01.

[162] Юрий Бараш. Современное состояние воздушно – космической обороны России и перспективы её развития [N]. Военно – промышленный курьер, 2019 – 09 – 19.

后　记

21 世纪以来，空天权势博弈日趋紧张激烈，空天资源争夺和空天军备竞赛甚嚣尘上，空天领域正逐渐演变成为未来战争的主战场。一个国家是否拥有和谐稳定的空天安全环境，是否有足够权力、能力和实力确保国家空天安全，直接关系到国家的生存与发展。

基于对日益严峻的世界空天安全形势的客观分析，以及我国安全与发展利益的迫切需求，作者于 2018 年申报国家社会科学基金项目《俄罗斯空天安全战略对我国安全与发展的影响研究》并获批立项，本书正是在该项目研究成果的基础上进行修改完善而成。

在项目研究和著作撰写过程中，得到了许多专家、学者和同事的指导帮助。空军工程大学各级领导和机关对该项目给予了全力支持和严格把关，军地多位专家教授对研究框架思路提出了切实可行的宝贵建议，项目结题评审专家也对研究成果提出了非常中肯的修改意见；项目研究和著作撰写过程中，参阅了国内外诸多专家学者的研究成果，在此一并表示衷心感谢。国防工业出版社冯晨编辑为本书出版给予无私的指导帮助，提出了具体建议，付出了艰辛劳动，谨在此致以最诚挚的谢意。

本书撰写过程中，囿于本人专业知识和研究深度有限，书中内容难免存在疏漏甚至谬误，恳请各位读者批评指正。

2024 年 12 月于西安